上海大学出版社

2005年上海大学博士学位论文 26

光学梳状滤波器与多功能组合模块的研究

- 作者：孟义朝
- 专业：通信与信息系统
- 导师：黄肇明

2005 年上海大学博士学位论文 26

光学梳状滤波器与多功能组合模块的研究

作　　者：孟义朝
专　　业：通信与信息系统
导　　师：黄肇明

上海大学出版社
·上海·

Shanghai University Doctoral Dissertation (2005)

Study of Optical Comb Filters and Multi-Function Composte Module

Candidate: Meng Yichao
Major: Communication and Information System
Supervisor: Prof. Huang Zhaoming

Shanghai University Press
· Shanghai ·

上 海 大 学

本论文经答辩委员会全体委员审查，确认符合上海大学博士学位论文质量要求.

答辩委员会名单：

主任：**方祖捷**　研究员，中科院上海光机所　201800

委员：**陈建平**　教授，上海交通大学电子信息工程学院　200030

徐　雷　教授，复旦大学信息学院　200433

王子华　教授，上海大学通信学院　200072

王延云　教授，上海大学通信学院　200072

导师：**黄肇明**　教授，上海大学通信学院　200072

评阅人名单：

曾庆济	教授，上海交通大学电子信息工程学院	200030
蔡志平	教授，厦门大学电子工程系	361005
王子华	教授，上海大学通信学院	200072

评议人名单：

陈建平	教授，上海交通大学电子信息工程学院	200030
陈良尧	教授，复旦大学信息学院	200433
王向朝	研究员，中科院上海光机所	201800
叶家骏	教授，上海大学通信学院	200072

答辩委员会对论文的评语

光学滤波器和耦合器是光通信中的关键器件,孟义朝同学的博士论文对光学全通滤波器、波长交错器和多波导定向耦合器的理论建模和设计方法进行了研究,选题具有较高的学术意义和应用前景.

该博士论文取得了如下的创新成果:

采用切比雪夫和推广的切比雪夫多项式得到多波导耦合系统耦合模方程的解析解,推广的切比雪夫多项式包含了更多耦合项的耦合,更能反映实际情况,利于实际应用.

基于组合波导理论,给出弱熔条件下的弱耦 2×6 熔锥光纤耦合器耦合模方程的解析解,并进行了数值计算,对有关新型光子器件的研制具有指导意义.

分析研究了以薄膜光学全通滤波器和多端口光纤耦合器构成的双向波长交错滤波器和多功能组合模块,有实用化前景.

采用迭代式、解析法和传输矩阵法三种方法设计了适合多通道色散补偿的 GTI 型光学全通滤波器,进行了仿真,得到了一些具有参考价值的理论设计参数和结果.

作者在国内外期刊发表具有较高质量的第一作者论文 9 篇,本论文表达清楚,逻辑性强,达到博士学位论文的要求.反映出孟义朝同学具有扎实的基础理论和系统深入的专门知识,熟练的数学运用能力,具有独立从事科学研究的能力.答辩过程中,讲述条理清楚,思路清晰,回答问题准确.

答辩委员会表决结果

经答辩委员会表决，全票同意通过孟义朝同学的博士学位论文答辩，建议授予工学博士学位.

答辩委员会主席：**方祖捷**

2005年1月7日

摘　要

光纤通信网是信息高速公路建设的重要组成部分，它由骨干网、城域网和接入网组成，网络的每个节点又包含着大量的光电子器件和各种功能模块. 光学滤波器作为DWDM光网中一类重要的光子器件，其作用是不言而喻的（色散补偿、增益谱均衡、信道选择和功率均衡等）. 本文以周期性光学梳状滤波器（Optical Comb Filter）和多功能组合模块为研究对象具有现实意义. 希望通过数学建模、特性仿真、理论分析和实验验证等手段得到一些有参考价值的结果和结论.

光学全通滤波器（周期性相位梳状滤波器）、多波导定向耦合器、新型波分复用器件——群组波长交错滤波器（Interleaver，周期性幅度梳状滤波器）和多功能组合模块是论文的主要组成部分. 具体研究内容如下：

1. 薄膜Gires－Tournois干涉仪型光学全通滤波器（GTI－OAPF）的设计方法和具体应用

GTI是反射式Fabry－Perot干涉仪，由部分反射镜、谐振腔和全反射镜构成. 首先，给出一个多层薄膜反射系数的迭代式并用数学归纳法证明，验证了用其设计薄膜GTI－OAPF的可行性. 其次，忽略GTI反射镜的具体膜层结构，得到GTI－OAPF简化数学模型的相位、群延迟和群延迟色散的解析表达式. 最后，采用传输矩阵法设计了适合多信道色散补偿的薄膜GTI－OAPF，并进行了较为详细的特性仿真和分析（研究了反射镜的膜层结构对单腔GTI器件传输特性的影响，斜入射光束引起的偏振分离现象，色散补偿带宽的展宽和线性化). 同时，对多腔GTI进行了设计与分析.

2. 多功能双环谐振光学梳状滤波器

给出由等三角排列3×3光纤耦合器构成的双环结构光学梳状滤波器传输特性的解析表达式，该模型综合考虑了耦合器的插入损耗和分束比，光纤延迟线的传输损耗、增益系数和长度等参量. 在此基础上对其传输特性进行了较为详细的数值研究. 结果表明：该器件具有多信道带通、带阻和放大特性. 并对器件结构参量的变化如何影响其功能的变化规律进行了探索，发现了一个有趣的双谐振峰(主峰和次峰)的动态变化现象. 讨论了该器件的色散特性、游标效应(Vernier effect)和具体应用(光延迟线、Interleaver).

3. 无限冲击响应型(IIR，Infinite Impulse Response)群组波长交错滤波器

采用马赫-曾德尔光纤干涉仪和薄膜GTI光学全通滤波器组成复合结构Interleaver，在导出解析表达式的基础上对其传输特性进行了仿真和分析，并归纳出一些有用的结果，对进一步的实用化设计和相关技术探索具有指导意义.

4. 多功能DWDM光学滤波器组合模块的系统化研究

以3×3光纤耦合器为基本单元构造双向传输Interleaver，辅以光环行器、光隔离器、光纤DWDM、光纤光栅色散补偿器、Fabry-Perot波长信道监测仪等光学器件构造多功能组合模块，对每个组成单元进行了分析和讨论. 具体包括：多级串接MZI型光纤密集波分复用器(DWDM)的附加相移修正；光纤光

栅对薄膜GTI的功能模拟等.

5. 多波导定向耦合器,具体包含以下两个研究内容:

(1) 多波导耦合系统耦合模方程的Chebyshev解和验证.分别采用第一类和第二类Chebyshev多项式构造的正交基导出"弱耦合"(仅考虑相邻波导间的模场耦合)线形分布和环形分布多波导耦合系统标量耦合模方程的通解,并给出具体的求解步骤;采用推广的Chebyshev多项式得到形式上与"弱耦合"相同的"强耦合"(考虑相邻波导和非相邻波导间的模场耦合)环形分布多波导耦合系统标量耦合模方程的通解.作为例证,求出"弱耦合"线形分布2×2、3×3和4×4波导定向耦合器和环形分布3×3波导定向耦合器的传输矩阵.为了便于比较,又分别求出"弱耦合"与"强耦合"5×5波导耦合器的传输矩阵.具体求解过程涉及本征值的"兼并"和"不兼并"两种情况.

(2) 基于组合波导理论,给出弱熔条件下、弱耦2×6光纤耦合器耦合模方程的解析解,对其功率耦合特性进行了数值分析,并由硕士生许强完成了初步的实验验证.

论文的创新性体现在以下几个方面:

(1) 尝试采用Chebyshev和推广的Chebyshev多项式得到多波导耦合系统耦合模方程的解析解.

(2) 新型2×6熔锥光纤耦合器的模场耦合特性的解析解.

(3) 用薄膜OAPF和多端口光纤耦合器构成双向Interleaver和多功能组合模块.

(4) 采用三种方法(迭代式、解析表达式和传输矩阵法)设计适合多信道色散补偿的GTI-OAPF.

(5) 一些仿真结果和结论.例如:多功能双环谐振光学梳

状滤波器双谐振峰的动态变化规律;全光纤多级串接MZI型密集波分复用器的附加相移修正等.

论文结构安排如下:第一章,光纤通信系统中各种光学滤波器的综述,重点介绍了群组波长交错滤波器、薄膜光学滤波器和平面波导微环结构光学滤波器.第二章,适合多信道色散补偿的薄膜GTI-OAPF的设计与分析.第三章,包括三个组成部分:多功能双环谐振光学梳状滤波器;无限冲击响应型群组波长交错滤波器;基于多端口光纤耦合器的多功能组合模块.第四章,包含两个研究内容:线形分布与环形分布多波导耦合系统耦合模方程的Chebyshev解;新型面阵结构2×6熔锥光纤耦合器的功率耦合特性的理论分析.

关键词 光学梳状滤波器,光学全通滤波器,波长交错滤波器,多波导定向耦合器,多功能组合模块

Abstract

Optical fiber communication network plays an important role in the construction of "Information highway". As we know, it is made up by backbone network, metropolitan network and access network. Meanwhile, each main node in the network involves a lot of optoelectronic components and various function modules. Their performance will influence on the operation stability of the network directly.

Optical filter represents a big class of key photonic components and its function is evident, which is usually used for dispersion compensation of the optical fiber links, for gain spectrum flattening of the optical amplifiers, for wavelength channel selection, for channel power equalization and so on. Thus, it is useful and meaningful to select optical comb filter and multi-function composite module as the main research topics and the title of this dissertation.

The main research methods adopted in this paper are mathematical-physics modeling, characteristic simulation, theoretical analysis and experimental verification.

The main research topics involve optical all pass filter (OAPF, periodic phase comb filter), multi-waveguide directional coupler, a novel type DWDM (dense-wavelength-division multiplexer) called as interleaver (periodic amplitude comb filter) and multi-function composite module. All these topics are stated in detail as follows.

1. Design methods and applications of thin film Gires-Tournois interferometer (GTI) type OAPF.

GTI is a reflective Fabry-Perot interferometer, and it is made up by partial reflective mirror, resonant cavity and total reflective mirror. Firstly, An iterative formula to calculate the reflectivity of the multi-layer thin film is given and its effectiveness in the design of thin film OAPF is proved. Secondly, omitting the concrete thin film structure of the mirror, analytical expressions of the phase, group delay and dispersion are deduced. Finally, transmission matrix method is adopted to design thin film OAPF appropriate for multi-channel dispersion compensation, and its characteristics is simulated numerically and analyzed in detail. For example, influence of the thin film structure of the mirrors on single-cavity GTI's performance, polarization splitting phenomena for oblique incident light, optimization of the dispersion compensation bandwidth et al. Design and analysis of multi-cavity GTI are involved as well.

2. Multi-function double ring resonant optical comb filter

Analytical expression for the resonator composed by equi-lateral structure 3×3 fused fiber coupler is deduced, considering insertion loss and splitting ratio of the coupler; transmission loss, gain coefficient and length of the optical fiber delay line. Its characteristics is simulated in detail, the results reveal its multi-function performance such as multi-channel bandpass, bandstop and amplification. The relationship between the structure parameters and its dynamic changing laws is shown as well. An interesting dynamic changing course of double resonant peaks is found, which may be caused by the extra phase shift related with loss and gain. In addition, dispersion characteristics, Vernier effect and applications such as optical delay line and optical interleave filter are discussed.

3. Infinite impulse response (IIR) type interleave filter

It is made up by thin film OAPF and asymmetric Mach-Zehnder interferometer (MZI) with 3×3 fiber coupler. Its transmission characteristics and influence from parameter detuning are theoretically analyzed and simulated. Some conclusions are given which can be useful for further practical design and exploring related experimental techniques.

4. Systematic study of multi-function optical filter composite module

Using 3×3 fiber coupler as a key unite to form finite impulse response (FIR) type bi-directional interleave filter based on two stage cascaded all-fiber MZI. Added by optical circulator, isolator, all-fiber DWDM, fiber grating dispersion compensator, F-P channel monitor and some other optical components, its function is strengthened. Related problems such as additional phase shift adjustment in DWDM, and fiber grating analogue to thin film GTI *et al* are discussed.

5. Multiwaveguide directional coupler. There are two main parts in this chapter as follows:

(1) Analytical solutions of scalar coupled-mode equations (CMEs) for multiwaveguide coupling system are obtained by Chebyshev polynomials and generalized Chebyshev polynomials for "weak coupling" (considering mode coupling between neighbored waveguides only) and "strong coupling" (otherwise) cases individually. The first kind and the second kind of Chebyshev polynomials are appropriate for linearly distributed and circularly distributed multi-waveguide structure respectively. General steps to solve the CMEs and examples such as 2×2, 3×3, and 5×5 directional couplers are given in detail.

(2) Based on composite waveguide theory, analytical solution to a novel structure 2 × 6 fused fiber coupler is deduced, its power coupling characteristics are simulated numerically, which is proved by Xu Qiang's experimental result.

In addition, new ideas and possible valuable results are shown as follows. Firstly, to our knowledge, it is a new try in mathematical physics methods to obtain analytical solutions of CMEs for multi-waveguide system by Chebyshev and generalized Chebyshev polynomials. But it should be pointed out that further development and optimization are needed. Secondly, a novel structure 2 × 6 fused fiber coupler is analyzed theoretically, which is proved experimentally by Xu Qiang. Thirdly, using thin film OAPF and multi-port fiber coupler to form a novel structure bi-directional IIR type interleaver and multi-function composite module. Fourthly, adopting three mathematical methods (iterative formula, analytical expression, and transmission matrix) to design thin film OAPF appropriate for multi-channel dispersion compensation. The fifth is embodied in the simulation results and discussions. For example, in the part of multi-function double-ring resonant optical comb filter, the dynamic changing laws of the double peaks; additional phase shift adjustments in multi-stage cascaded all fiber MZI type DWDM channel demultiplexer.

This paper is organized as follows. The first chapter is a summary about optical filter (OAPF, interleaver, et al) applied in optical network; the second chapter focuses on the design and analysis of thin film GTI - OAPF used for multi-channel dispersion compensation; the third chapter involves three main parts. Namely, multi-function double-ring resonant optical comb filter; IIR type MZI interleave filter and multi-function composite module. The fourth chapter involves two main parts. One is to obtain analytical solutions of scalar CMEs for "weak coupling" and "strong coupling", linearly and circularly distributed multi-waveguide coupling systems by Chebyshev and generalized Chebyshev polynomials. The other is to analyze a novel structure 2×6 weakly coupled fused fiber coupler based on composite waveguide theory.

Key words Optical comb filter, optical all pass filter (OAPF), interleaver, directional coupler, multi-function composite module

目 录

第一章　综　　述

1.1　光纤通信网的发展与关键技术[1~3]

网络的发展离不开社会的需求，在信息化的社会生活中，人与人之间通过各种媒体手段大量快捷地交流信息成为现代社会生活的主旋律. 电话和手机、闭路电视与可视点播、信用卡和自动取款机、Internet 网与远程服务等等，这些陌生的专业术语从课本走入生活，标志着现代社会的信息化、网络化.

上世纪六七十年代，低损耗单模光纤的研制技术与激光技术的突破为科研工作者开辟了许多新的研究领域，光纤通信正是在这一时期悄然兴起. 在经历了不断的技术更新和知识积累之后，终于迎来了光纤通信方兴未艾的今天.

光纤作为一种信息承载的媒体，具有许多独特的优点：充裕的带宽、低损耗、对电磁场扰动的"免疫"、性价比高等. 光纤通信网正是由纵横交错的光纤链路、大量的光子器件、光电子器件和复杂的多功能集成模块构建的信息高速公路. 功能强大的通信软件等技术是网络可靠运行、网络性能监测和维护的重要保证. 因此，软硬件技术是网络发展的重要支柱.

要保证"信息高速公路"的畅通无阻和高质量的可靠运行，就要充分挖掘带宽资源，提高网络的容量，探索和完善相关技术. 光纤通信网的扩容涉及许多技术：信号复用技术（空分复用、波分复用、时分复用、码分复用、偏分复用等）；色散补偿技术（色散补偿光纤、信号预啁啾、预畸变电路、谱反转、光学滤波器、编码等）；宽带光放大技术［(S+C+L) band - EDFA，宽带 Raman 光放大，EDFA 与 Raman 放大的组合等];光纤技术(低损耗、低色散光纤,色散位移光纤,色散补偿光纤,高非线性光纤,光子晶体光纤,保圆及保偏等特种光纤);光源与光波检测技术等.

随着IT产业的迅速发展,光纤通信也在经历着许多重大变化:

1. 网络结构呈现多样化(骨干网以点到点光纤链路结构为主;城域网以环形网和栅格(Mesh)网结构为主;接入网以树形分支结构为主).

2. 网络的可重置性(reconfigurability)和智能化.

3. 网络容量的"膨胀"式发展突出表现在以下三个方面:超密集(减小信道间隔,提高一定波长带宽内的波分复用信道数)、超宽带(S+C+L数百纳米波段)和超高速(单信道速率达到10、20、40、80甚至160 Gbit/s).

4. 全光网的建设迫在眉睫. 在光纤骨干网(backbone network)的建设基本完成,光纤城域网(metroplitan network)的建设取得较大成效的基础上,光纤到家(FTTH)的最后一公里成为制约网络进一步提速的瓶颈. 因此,光接入网(access network)技术升级为目前光纤通信领域的研究重点,比较热门的研究方案是基于以太网(Ethernet)的无源光网(EPON). 光纤城域网和光纤接入网的建设直接影响着全光网的建设进程.

5. 多种网络融合的综合业务网成为互联网发展的一个主流方向. 无线通信与光纤通信的结合可能会带来许多便利和实惠,但真正实现无线电波在光纤上的传输(radio over fiber)还有许多技术难点需要突破. 如果有一天,节能光纤照明系统(传能光纤室内照明、智能化景观照明、节能半导体光源替代日光灯和白炽灯等)和智能化光纤环境监测与安全防护系统(温度、湿度等气象状况;噪声污染、空气污染、光污染、电磁场污染和水质污染;建筑安全等)能够融入全光网中,信息高速公路的内涵会变得更加丰富,我们的生活也更加富有色彩.

1.2 密集波分复用光网中的光学滤波器

在波分复用光网中，各种信息流附加在不同波长的光波上，在网络中高速穿行，经过许多节点(node)最终到达目的地(用户终端).

光学滤波器是DWDM光网中非常重要的一类光子器件，种类繁多、应用广泛[4]. 事实上，波分复用器(DWDM)、光分插复用器(OADM)、光交叉连接器(OXC)、波长交错滤波器(Interleaver)等光子器件都属于光学滤波器的范畴. 可以根据不同的分类标准对光学滤波器进行笼统分类，下面举例并简要说明.

按照光学滤波器在WDM光网中的作用划分，包括：色散补偿光学滤波器(包括色散、高阶色散和偏振模色散的补偿)，光放大器的增益谱平坦化光学滤波器，波长信道选择光学滤波器，信道功率均衡滤波器等.

按照研制工艺划分，包括：薄膜光学滤波器，波导光学滤波器(平面波导光学滤波器、光纤光学滤波器、阵列波导光栅AWG等)，晶体光学滤波器(液晶光学滤波器、双折射晶体光学滤波器、光子晶体光学滤波器)等.

按照物理机制划分，包括：干涉型、衍射型和损耗型光学滤波器等.

按照滤波器的幅频特性划分，包括：幅度型和相位型光学滤波器.

按照调谐方式划分，包括：电光调谐、磁光调谐、声光调谐、温度调谐、应力调谐等.

按照数字信号处理理论中滤波器的分类标准，包括：有限冲击响应型(finite impulse response, FIR)和无限冲击响应型(infinite impulse response, IIR)；最小相位滤波器(minimum phase filter, MPF)和非最小相位滤波器(non-minimum phase filter, N -

MPF)等.

按照滤波器的谱形划分,包括切比谢夫(Chebyshev)型、巴特沃斯型、椭圆型、窄带型(Notch filter)、通带平坦型(flat-top)、抛物线型、高斯型和洛伦兹型等.

按照干涉仪的原理划分,包括:Sagnac干涉仪、Michelson干涉仪、Mach - Zehnder干涉仪、Fabry - Perot (FP)、Gires - Tournois (GT)干涉仪和复合结构干涉仪. 也可划分为偏振干涉型与非偏振干涉型等.

此外,还包括一些特殊光学滤波器,例如:基于游标效应(Vernier effect)的光学滤波器;具有信号放大功能的有源光学滤波器;多功能光学滤波器(例如:同时具有色散补偿和信道选择功能的光纤光栅)等.

当然,对每一类光学滤波器还可以进行细化分类,以光纤光栅为例,它又可以划分为:布拉格光纤光栅(FBG)、长周期光纤光栅、相移光纤光栅、取样光纤光栅、Moire光纤光栅、啁啾光纤光栅、切趾光纤光栅等.

下面对两种光学滤波器进行重点介绍:平面波导微环谐振光分插复用(OADM)滤波器和薄膜光学滤波器.

1.2.1 平面波导微环谐振OADM滤波器

光分插复用器(OADM)是DWDM光纤通信系统中一类非常重要的光学滤波器. 在网络的节点或路由终端配置OADM,不仅可以灵活地下载所需要的波长信道的信息,而且可以上传信号到光纤链路中,实现信道的分插复用功能. 迄今为止,有以下几种实现方案:基于非对称Bragg光栅耦合器的OADM(包括:光纤光栅耦合器,光纤光栅和光纤干涉仪的组合结构等)[5],薄膜光学滤波器和光开关等光子器件组合成的OADM[6]和平面波导微环谐振OADM[7~13]等.

平面波导微环谐振OADM滤波器具有小型化、便于集成的优点. 日本的科研人员对这种方案进行了较深入的实验研究. 具体包括：采用并行（图 1.1 和图 1.4）、串行（图 1.2）或其他结构（图 1.3）[7~10]，实现高性能（具有通带平坦、边缘陡峭等特性）高阶 OADM 光学滤波器；用马鞍环替代圆环可以增大微环与波导总线之间的耦合长度和环腔的长度，减小波导的传输损耗（弯曲损耗、辐射损耗、散射损耗等）[7]；用垂直耦合（Vertical Coupling）替代侧向耦合（Lateral Coupling），便于精确控制环与波导总线之间的距离，减小耦合对两者之间相对位置失配的敏感性；采用双折射聚合物覆层（polymide overlay）实现器件的偏振不敏感[12]；在环腔中嵌入 SOA

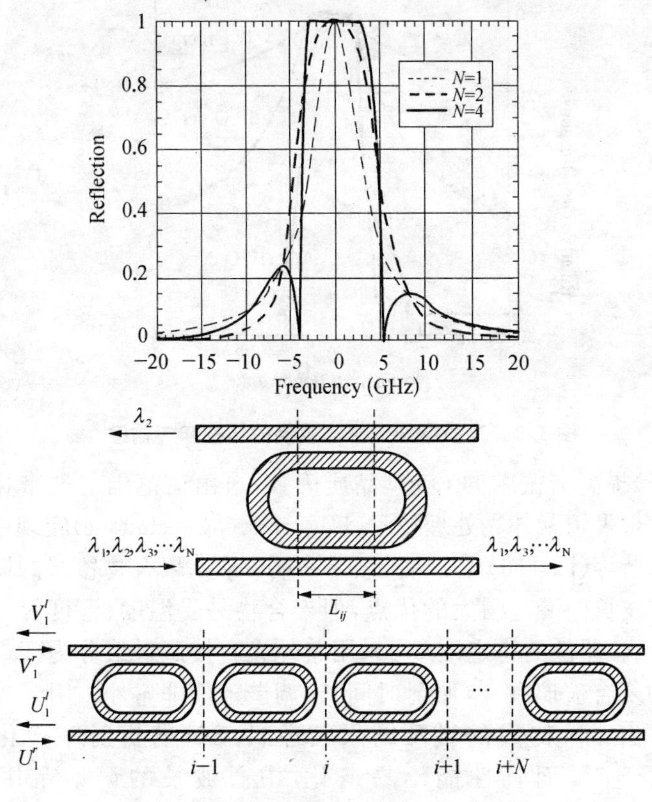

图 1.1　微环谐振阵列光分插复用器[7]

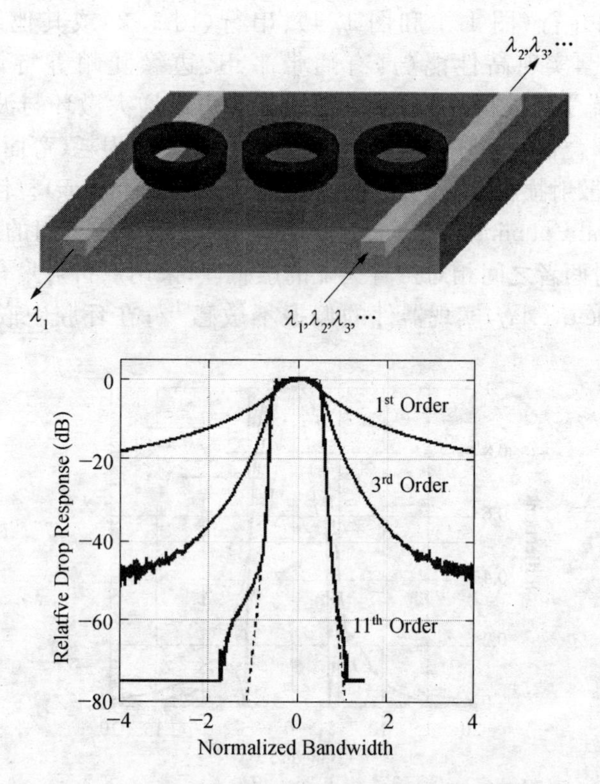

图 1.2　高阶微环光学滤波器的结构和传输谱[9]

(图1.5)提高谐振腔的 Q 值(品质因数,自由谱范围与通带宽度的比值)[8];采用紫外光处理技术(UV trimming technique)实现中心波长的调谐等(图 1.6)[13]. 实验结果表明:采用聚合物覆层的调谐方案具有波长调谐范围大的优点,但聚合物易受温度、湿度等环境因素的影响,器件的稳定性差. 采用紫外光直接照射组分为 Ta_2O_5 和 SiO_2 的复合玻璃微环,照射时间长,调谐范围非常小. 用紫外光直接照射由 SiN 构成的微环结果较理想,SiN 的折射率变化达到 -1.3×10^{-2},而且性能不易退化,中心波长的调谐范围达到 -12.1 nm.

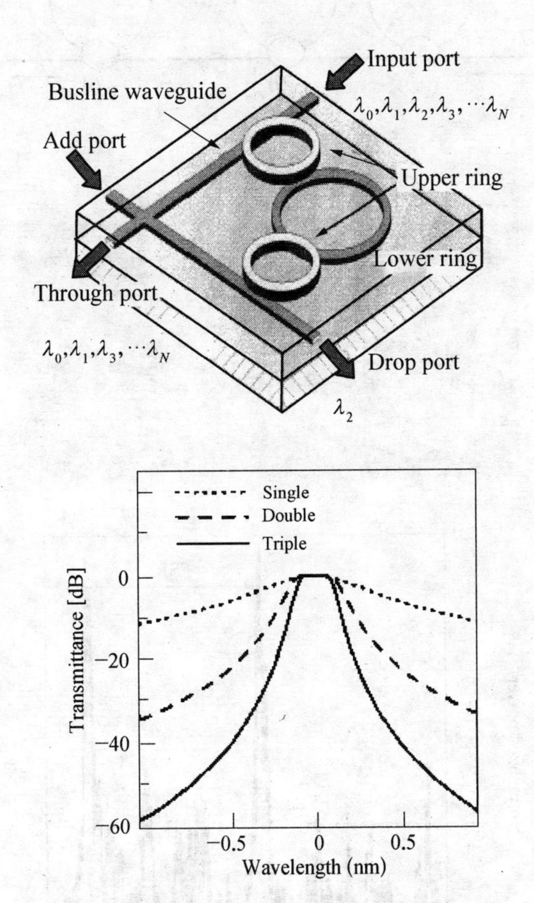

图 1.3　三微环垂直耦合谐振光学滤波器的结构和传输谱[10]

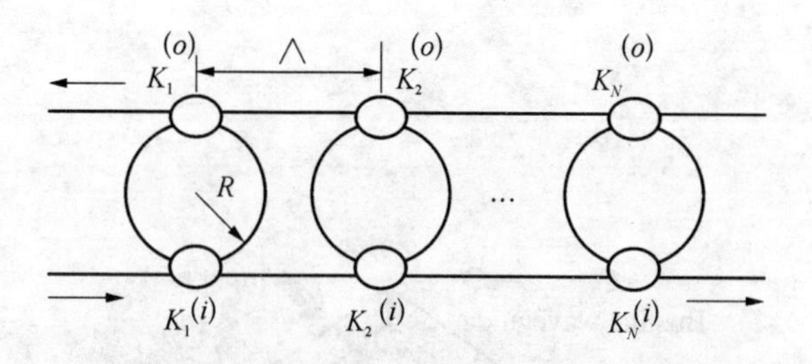

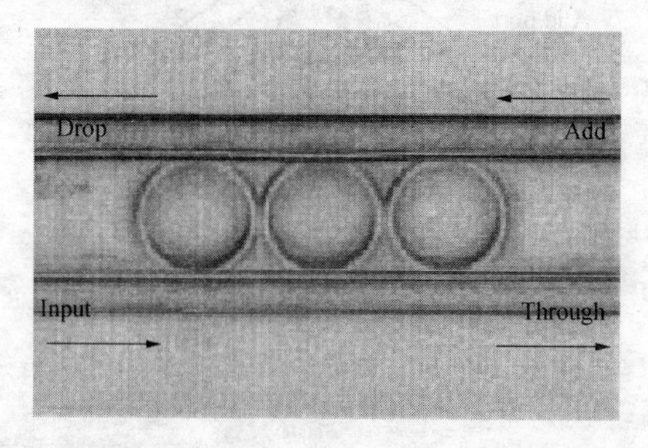

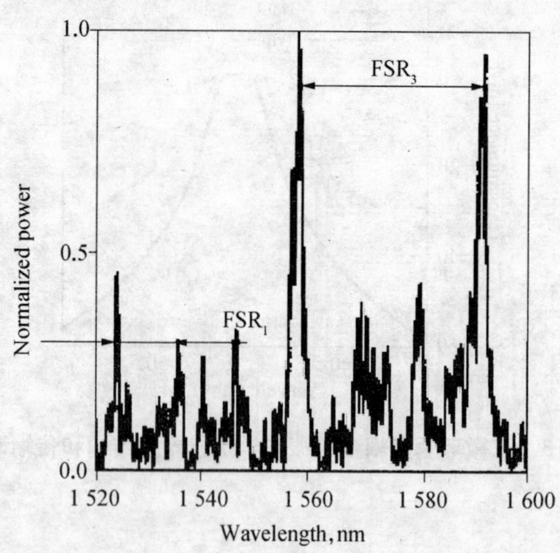

图 1.4　具有游标效应的并行串接高阶微环滤波器的结构和传输谱[11]

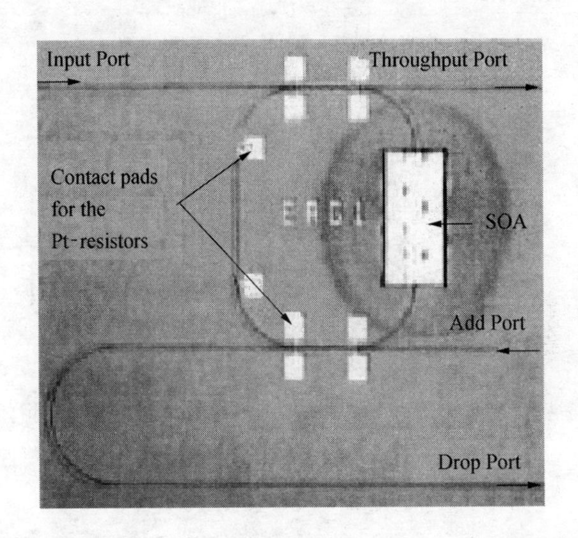

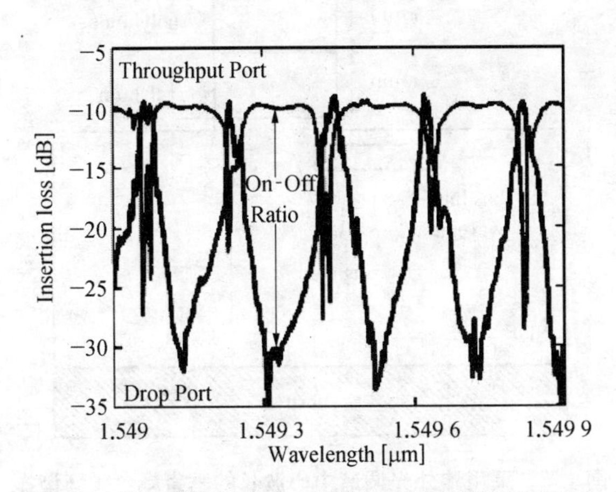

图 1.5　嵌入半导体光放大器(SOA)的高品质因数(Q)微环信道下载滤波器的结构和传输特性[8]

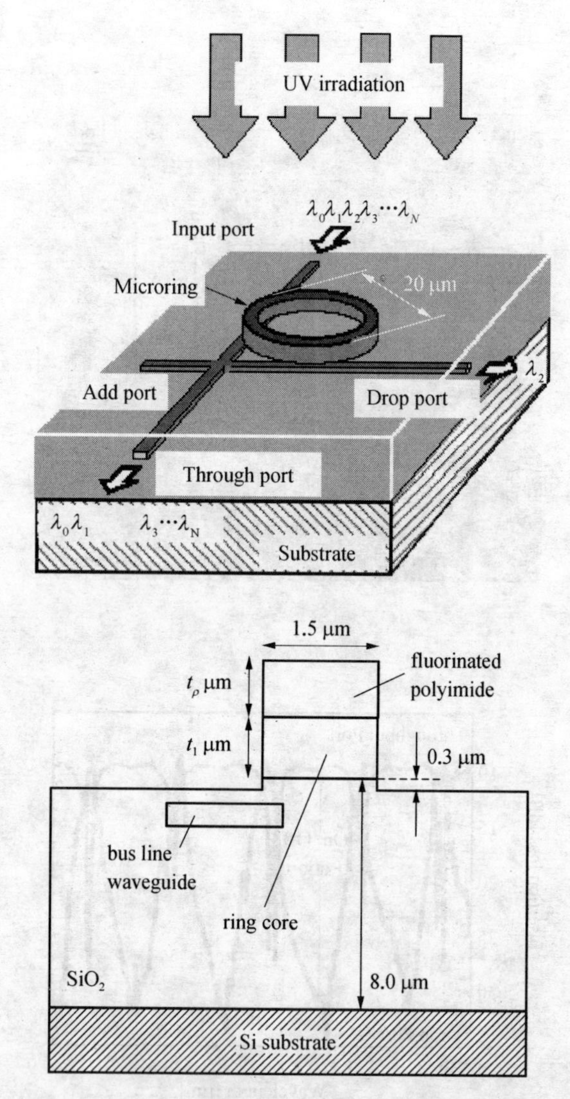

图 1.6　采用紫外光调谐中心波长的垂直耦合微环谐振滤波器的结构和采用双折射含氟聚合物覆层的偏振无关截面结构[12, 13]

1.2.2 薄膜光学滤波器及其应用[14~16]

密集波分复用(DWDM)光纤通信网络的迅速发展促进了光学无源器件技术(阵列波导光栅AWG、光纤光栅、薄膜滤波器TFF等)的发展. 20世纪90年代中期TFF技术已经比较成熟,但是TFF在成本和特性上能否满足不断升级的DWDM系统的发展要求仍然是个未知数. 实践证明TFF技术(设计、研制、封装等)的显著提高使之在光纤通信网络中得到了广泛应用. TFF器件的温度稳定性(0.001 nm/℃)和偏振相关性(PDL<0.1 dB)都得到了明显改善. 现在TFF已经能够批量生产,基于TFF的多功能模块还具有随网络发展的需要不断升级的优点. TFF的研究热点具体体现在以下几个方面:

1. 减小薄膜DWDM窄带滤波器的色散. 随着DWDM网络信道间隔的不断变窄和数据传输速率的不断提升,窄带滤波器通带内的色散已经成为不容忽视的问题. 通常采用以下两种降低色散的方法:1) 与色散补偿单元组合;2) 降低矩形包络的设计指标,实现幅度响应和色散特性的折中.

2. 减小波带分束滤波器的薄膜应力. 在光网络中,利用多个波带有利于信号的复用/解复用和分插复用. 例如8跳(skip)2波带分束滤波器,即相邻的八个DWDM信道六个信道通过而两个信道截止,以此提高传输信道与反射信道间的隔离度,代价是降低了可用通信带宽. 器件的谱形因子F(shape factor)定义为阻带宽度与通带宽度之比,F小意味着通带和阻带间的过度带陡峭,需要采用多腔结构,于是薄膜器件总的物理厚度和薄膜应力的负面影响增大(引起通带中心波长的变化,滤波器的性能降低). 最近8跳1和4跳0型波带分束滤波器已经成为商品. G J Okenfuss等采用超低应力镀膜技术得到性能优异的薄膜干涉滤波器,实验研究了适合100 GHz DWDM信道间隔的8跳0薄膜波带分束滤波器,样品采用了17个干涉腔,总的物理厚度达到94 μm，性能已经超过8跳0波带分束滤波器的应用要求.

3. 薄膜增益平坦滤波器(GFF). 光放大器增益谱的平坦化最初需要2～3个串接的增益平坦滤波器,后来验证了单片增益平坦滤波器的可行性并发展了相关的设计方法. 误差函数(测量谱与目标函数的差)是衡量GFF特性的重要指标. 镀膜工艺、精加工技术和模拟软件的采用已经使最大误差值由2000年的10%～15%降到了现在的5%.

4. 其他应用与发展. 除了上面几种TFF之外,还有用于EDFA泵浦的波分复用器和用于监测信道的光分插复用滤波器(OADM). 国际上有多个科研小组在从事薄膜滤波器和多腔标准具在补偿光纤色散方面的研究. 多功能TFF和不需移动构件的压电或热调谐TFF也得到了一定发展. TFF作为一维光子晶体,独特的设计使得薄膜滤波器具有与超棱镜效应(superprism effect)相关的空间色散[17],可用于粗波分复用(CWDM, coarse wavelength division multiplexing). 因此,具有空间色散特性的薄膜光学滤波器又称为薄膜光栅.

下面给出薄膜光学滤波器的几种具体应用例子: 图1.7是采用薄膜加热器的光纤光栅可调谐色散斜率补偿器[18];图1.8是基于薄膜光学滤波器的具有监测端口的波长敏感型光纤光学衰减器[19];图1.9是具有开关功能、可调谐多腔薄膜光学滤波器,可以简化薄膜光分插复用器的结构[6]. 图1.10是薄膜超棱镜色散效应的应用[17]. 薄膜粗波分复用器(CWDM)和组合系统: (a) 消除时间色散只具有空间色散的系统;(b) 功能与(a)相反.

由此可见,薄膜技术的突破使得TFF光子器件的种类明显增多,特性和功能得到改善和增强. 相信在未来的光纤通信网中,种类繁多、性能稳定可靠、性价比高的TFF器件将雄踞有利的竞争地位,尤其是薄膜技术与其他工艺技术相结合研制的新型光子器件.

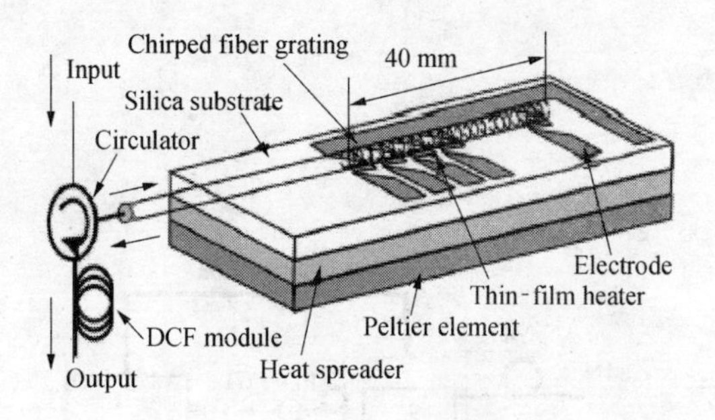

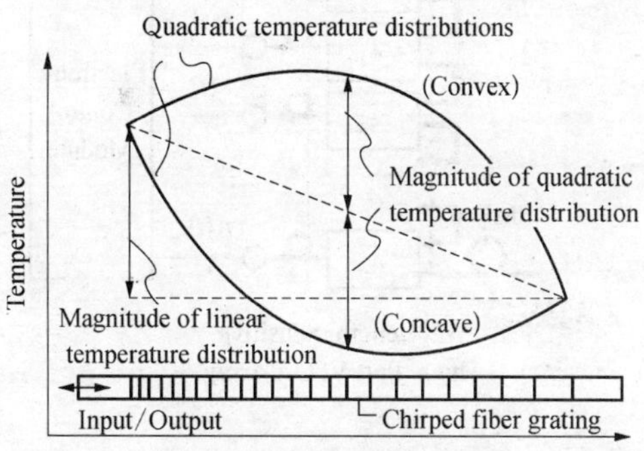

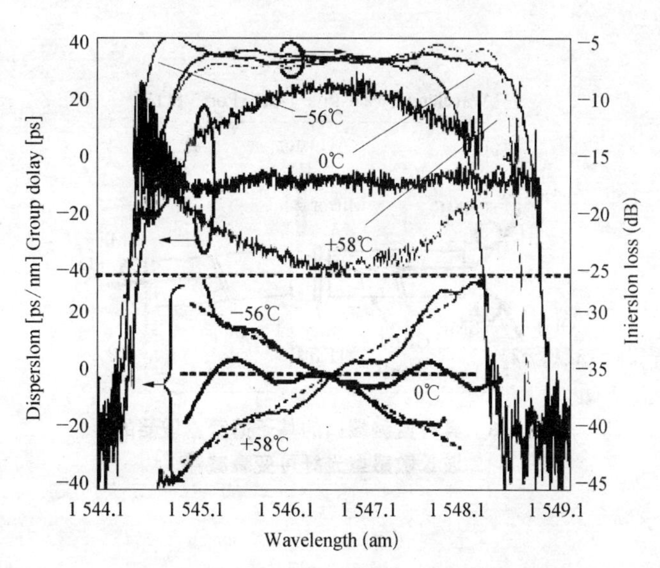

图 1.7　基于薄膜加热光纤光栅的色散斜率补偿器的结构和特性[18]

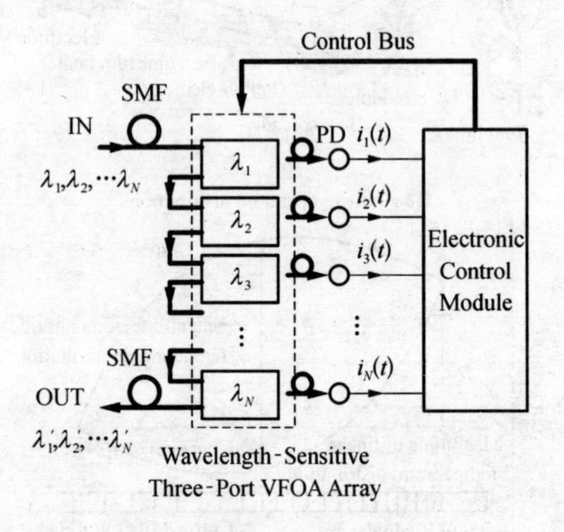

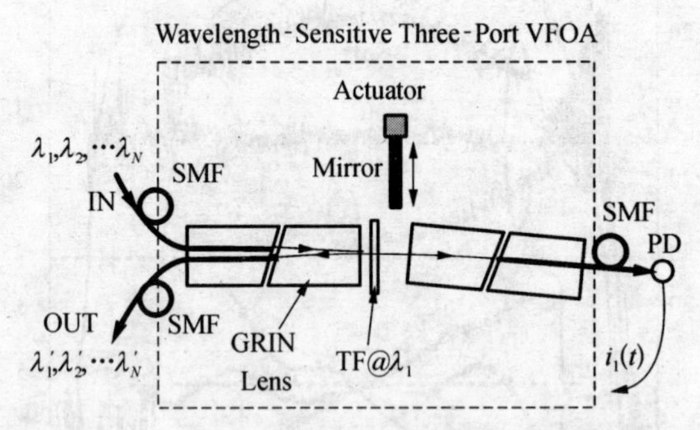

图 1.8 具有监测端口的基于薄膜滤波器的波长敏感型光纤可变衰减器[19]

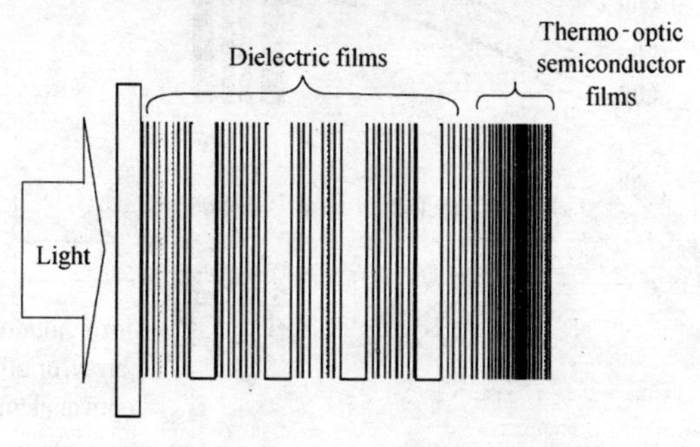

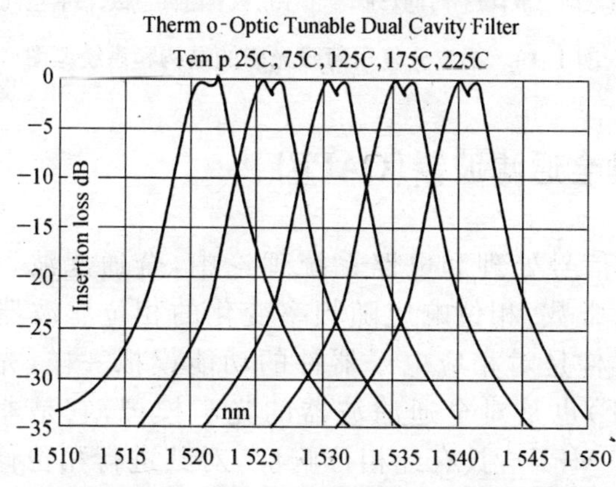

图1.9 具有调谐和开关性能的多腔薄膜光学滤波器的结构和传输谱[6]

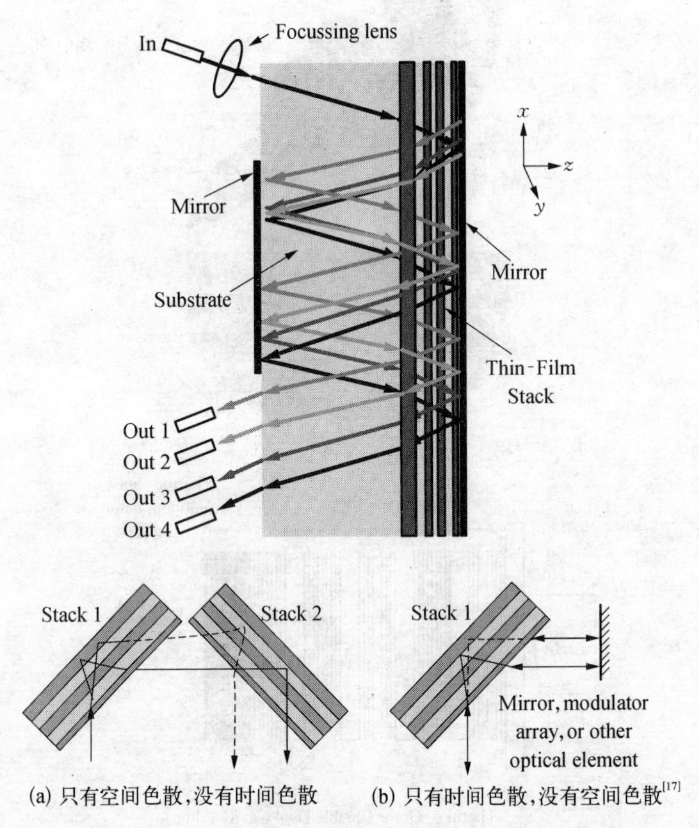

(a) 只有空间色散,没有时间色散　　(b) 只有时间色散,没有空间色散[17]

图 1.10　粗波分复用薄膜光栅的结构和系统框图

1.3　光学全通滤波器(OAPF)

在数字信号处理和电路系统理论中,全通滤波器(APF)是幅度响应为常数,相位响应随频率变化的相位滤波器[20]. 正如许多光子器件是对相应电子器件的功能模拟一样,光学全通滤波器(OAPF)也是对全通滤波器的光学模拟,它是非最小相位滤波器(N-MPF),具有纯相位响应,对其进行相位修正并不影响它的幅度响应. 与之相反,最小相位滤波器(MPF)的相位响应由其幅度响应唯一确定,两者满足拉普拉斯变换与反变换关系.

C. K. Madsen 最早从事数字滤波器设计方法在光学滤波器设计中的应用研究,著有“Optical Filter design-signal processing approach”一书[21]. 她从 1998 年开始对 OAPF 的研究,发表了多篇学术论文,推进了 OAPF 研究在国际范围内的展开. 她的论文涉及光学全通滤波器的结构、具体应用(色散和色散斜率补偿、带通滤波器的相位修正、偏振模色散补偿等)和无限冲击响应型(IIR, infinite impulse response)光学滤波器的优化设计[22~34]. 其实, OAPF 还有许多应用,比如: 多波长光学信号处理(实时傅立叶变换 RTFT、脉冲整形、脉冲重复率倍增等)[35]. C. K. Madsen 的实验研究主要集中在两个方面: 薄膜 Gires - Tournois 干涉仪型 OAPF[28, 29];平面波导 OAPF[26, 27]. 现在有多个研究小组开展了这方面的研究,例如日本的 Mark Jablonski (thin film OAPF),他们的主要贡献是: 可调谐薄膜双腔 GTI - OAPF 和并行结构GTI - OAPF 在色散补偿方面的应用[36~40]. 中国台湾省的 Chen-Bin Huang 利用 OAPF 实现光脉冲重复率的倍增[41]. JDS Uniphase 公司的 D. J. Moss 采用全通多腔标准具对 10 Gbit/s 系统进行色散和色散斜率补偿[42]. 从 OFC2004 的论文来看,OAPF 的相关研究呈明显上升之势[43~46]. 尤其是平面波导型 OAPF 的研制技术及其应用. 也有采用光纤光栅串接结构实现 GTI - OAPF 的实验研究[47~50]. 早在 1997 年 E. Peral 发表了一篇光栅定向耦合器实现 APF 功能的理论文章[51]. 国内在 OAPF 方面的研究较少[52~62],其中上海光机所的李琳博士进行了薄膜 GTI 的实验研究,天津大学王清月教授早在 1988 年研究过 GTI 在固体激光器中补偿腔内色散、实现超短脉冲的实验研究. 下面给出 OAPF 的一些基本结构(图 1. 11)和应用(图 1. 12 和 1. 13)仅供参考.

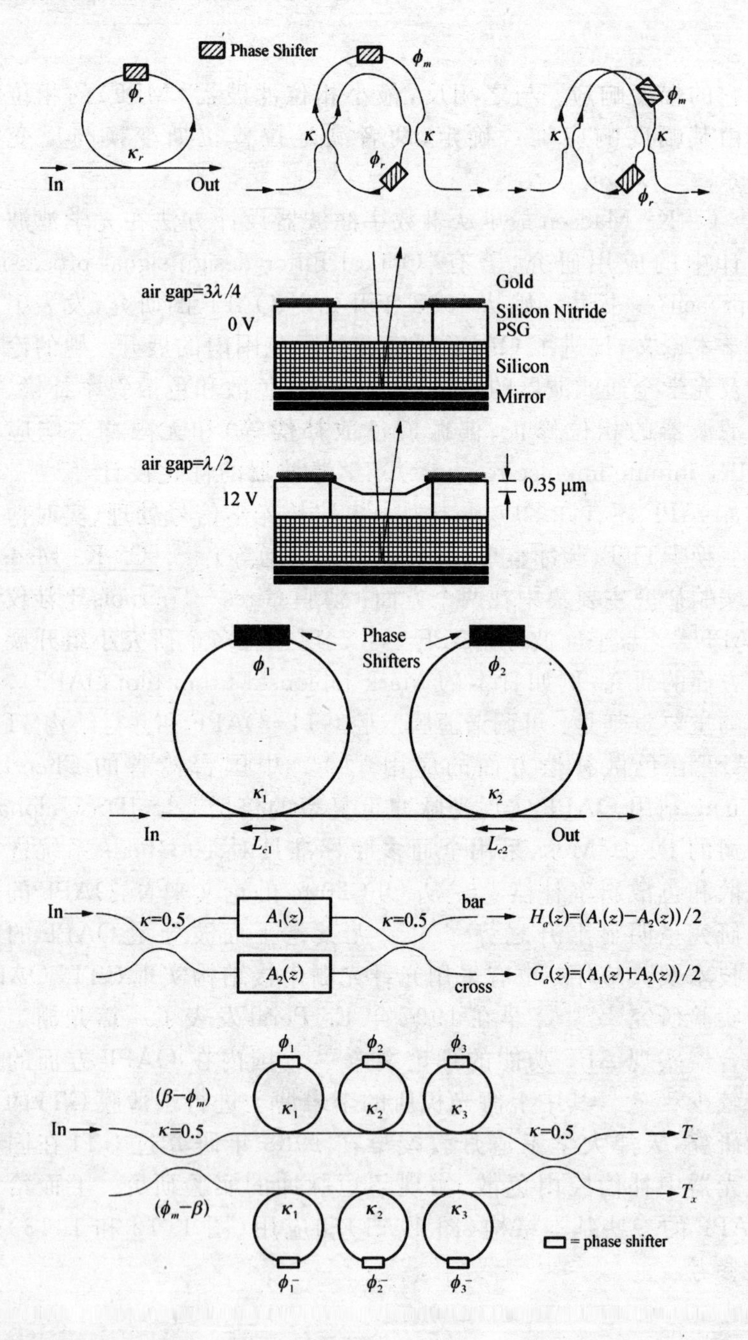
Phase Shifter
ϕ_r
κ_r
In
Out
ϕ_m
κ
κ
ϕ_r
ϕ_m
κ
κ
ϕ_r
air gap=3λ/4
0 V
Gold
Silicon Nitride
PSG
Silicon
Mirror
air gap=λ/2
12 V
0.35 μm
Phase
Shifters
ϕ_1
ϕ_2
κ_1
κ_2
In
L_{c1}
L_{c2}
Out
In
κ=0.5
$A_1(z)$
κ=0.5
bar
$H_a(z)=(A_1(z)-A_2(z))/2$
$A_2(z)$
cross
$G_a(z)=(A_1(z)+A_2(z))/2$
ϕ_1
ϕ_2
ϕ_3
$(\beta-\phi_m)$
κ_1
κ_2
κ_3
In
κ=0.5
κ=0.5
$T_=$
T_x
$(\phi_m-\beta)$
κ_1
κ_2
κ_3
= phase shifter
ϕ_1^-
ϕ_2^-
ϕ_3^-

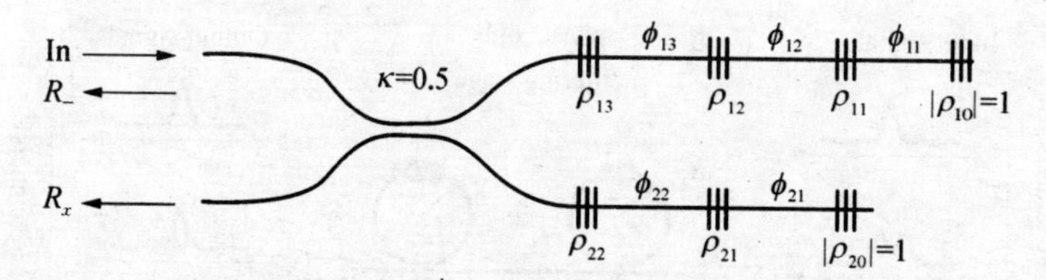

图 1.11　C. K. Madsen 提出的光学全通滤波器的基本结构和应用[25~27, 29]

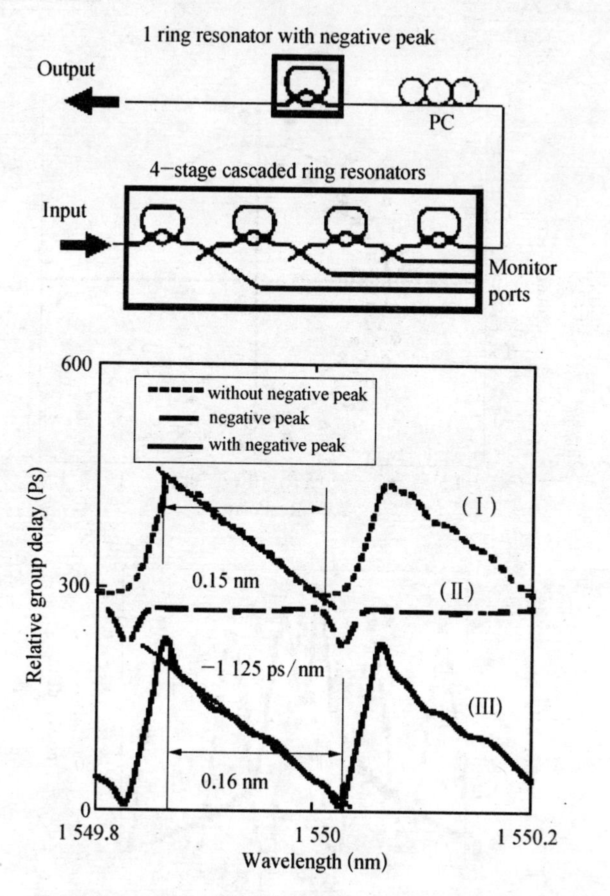

图 1.12　串接微环光学全通滤波器型色散补偿器的结构和群延迟谱[43]

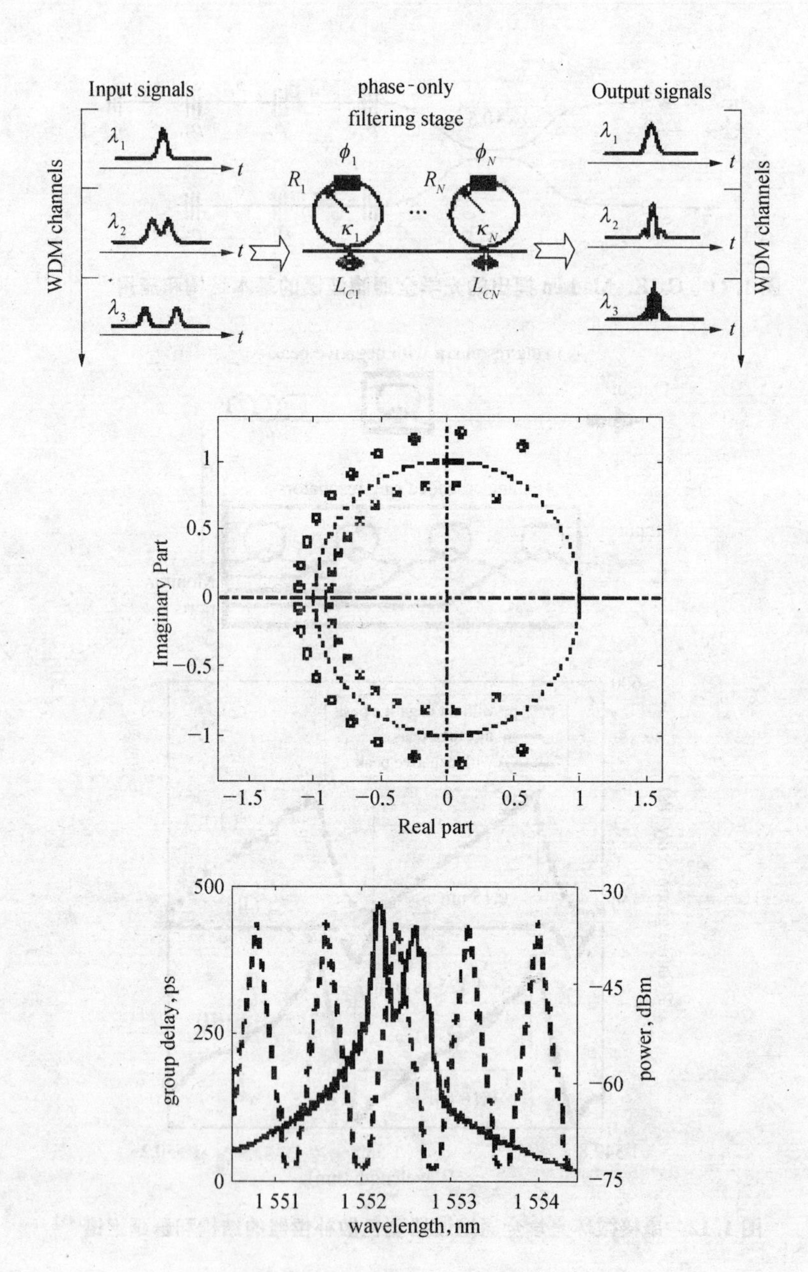
Input signals
phase-only
filtering stage
Output signals
WDM channels
λ_1
λ_2
λ_3
t
ϕ_1
ϕ_N
R_1
R_N
κ_1
κ_N
L_{C1}
L_{CN}
WDM channels
Imaginary Part
Real part
1
0.5
0
−0.5
−1
−1.5
0.5
1.5
group delay, ps
power, dBm
wavelength, nm
500
250
−30
−45
−60
−75
1 551
1 552
1 553
1 554

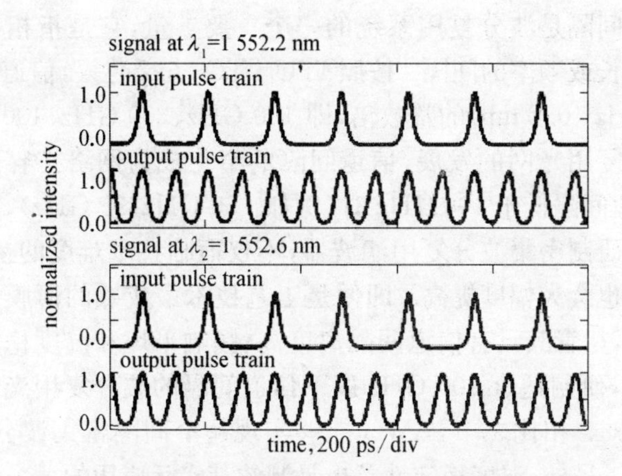

图 1.13　多级微环谐振器在多波长光学信号处理中的应用：实时傅立叶变换(RTFT)和脉冲重复率倍增(PRTM，即时域泰尔伯特效应)[35]

1.4　波长交错滤波器(Interleaver)

1.4.1　Interleaver 的产生背景[63, 64]

DWDM 光通信系统的核心部件是光波分复用/解复用器，它实质就是光学滤波器，将不同波长的信号光在频域或空间域分开，实现分波功能；对于功能互易器件，逆向应用则实现合波功能；DWDM 器件还可以和其他光子器件组合搭配，构造光分插复用器(OADM)和光交叉连接器(OXC).

波分复用滤波器有许多种，根据制作方法和材料的不同，可以分为以下几种：多腔介质膜滤波器，光纤光栅，全光纤干涉仪(具体包括：马赫-曾德尔干涉仪 Mach - Zehnder interferometer，迈克尔逊干涉仪 Michelson interferometer 和法布里-帕罗干涉仪 Fabry - Perot interferometer)，阵列波导光栅(AWG，Array Waveguide Grating)，晶体(液晶、双折射晶体、光子晶体)滤波器，全息光栅(holographic grating)等.

信道间隔是波分复用系统的一个重要参量，它是指相邻信道标称中心波长或频率的间隔. 按照ITU-TG. 692建议，信道间隔必须是100 GHz (0.8 nm)的整数倍，即100 GHz、200 GHz、400 GHz等. 随着波分复用光网的发展，信道间隔的窄化成为网络扩容的一种手段，当信道间隔低于100 GHz时(例如：50 GHz、25 GHz)，采用传统制作工艺研制密集波分复用滤波器，不仅面临技术难度的挑战，器件的性价比也会大幅度提高. 即便是工艺技术最成熟的薄膜光学滤波器(TFF)，尽管其具有信道间隔离度高、频响平坦和温度稳定性好等诸多优点，研制适合100 GHz以下信道间隔的波分复用光学滤波器也非常困难. 相比之下，AWG能够实现超窄间隔密集波分复用，但成本过高. 另外，温度稳定性差也是制约其实际应用的一个缺点.

为了实现50 GHz信道间隔的密集波分复用系统，同时又避免器件技术的过分复杂和太高成本，在OFC2000展会上多家公司纷纷提出一种新型光子器件——群组波长交错滤波器的解决方案，Chroum公司称之为Slicer和Wavesplitter，JDS Uniphase等公司则称之为Interleaver.

1.4.2 Interleaver的功能与设计要求[64]

Interleaver有多种中文译法(波长交错器，群组波长交错滤波器，奇偶交错空分滤波器等)，它是一种新型波分复用滤波器，是周期性光学梳状滤波器. 1∶2 Interleaver能够把均匀的密集波分复用信号按照奇数和偶数分为两组，使得输出信号的信道间隔增大为原来的两倍. 此外，对Interleaver的基本功能加以引申，还可以演化出如图1.14的几种形式. Interleaver与常规光学滤波器的组合不仅巧妙地解决了信道间隔不断窄化和传统光学滤波器制作工艺滞后的矛盾，提高了性价比，还便于网络的升级，在DWDM光纤网络发展的现阶段不失为一种较好的折中方案. Interleaver在DWDM光网中的作用是不言而喻的，它是采用不同信道间隔协议的网络之间或同一网络不同组成部分之间的交通枢纽.

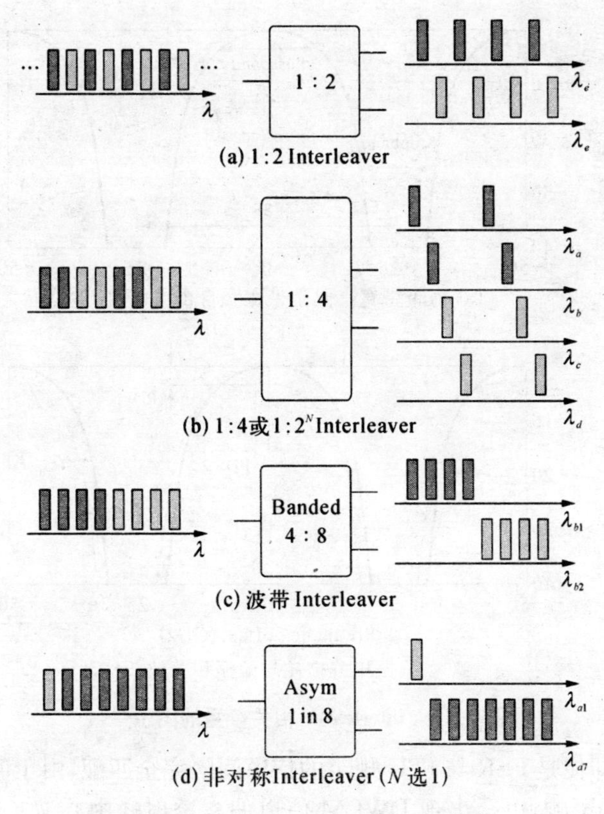

(a) 1:2 Interleaver

(b) 1:4或1:2^N Interleaver

(c) 波带 Interleaver

(d) 非对称Interleaver (N 选1)

图 1.14　Interleaver 的功能分类[64]

Interleaver 的设计目标：

1. 通带宽且平坦，插入损耗小，通带边缘陡峭，通带内的色散小.

2. 阻带的带宽与隔离度的大小要均衡考虑.

3. 减小器件的偏振相关性，具体包括以下参量(如图 1.15)：偏振相关损耗(PDL)、偏振相关波长移动(PD - λ)、偏振模色散(PMD).

4. 在器件的有效工作带宽内，由于自由谱范围 FSR 随波长的变化，DWDM 信道的标准波长与相应透射峰的中心波长会发生偏离，最边缘信道的偏离应该小于最大容限.

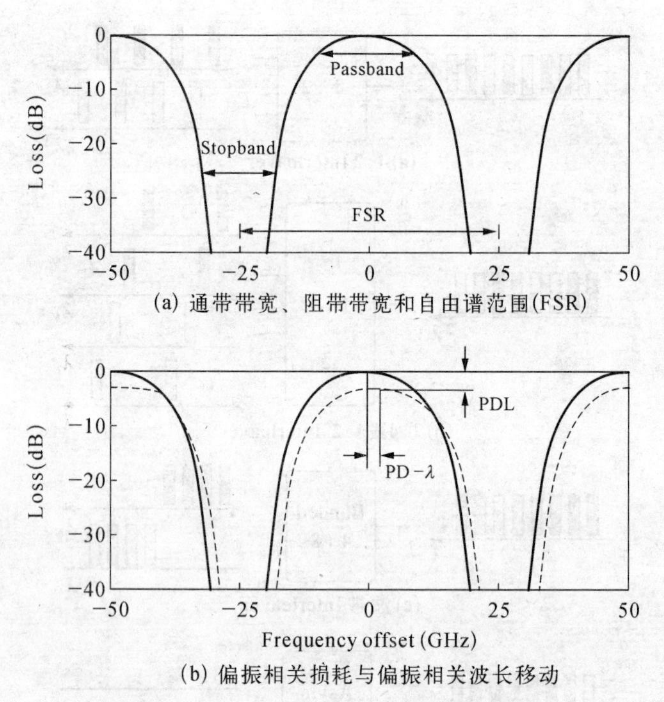

(a) 通带带宽、阻带带宽和自由谱范围(FSR)

(b) 偏振相关损耗与偏振相关波长移动

图 1.15　Interleaver 相关参量的图示[64]

5. 即便是FSR与ITU规定的信道间隔完全匹配，由于温度变化等因素的影响，也会出现DWDM信道偏离透射峰中心波长的现象. 因此，性能优异的器件还应具有抗扰动能力强（温度灵敏度低）等优点.

1.4.3　Interleaver 的分类

按照数字信号处理理论中滤波器的分类标准，目前可供选择的方案分为有限冲击响应型 Interleaver 和无限冲击响应型 Interleaver. 前者又可细分为：级联非平衡 M－Z 干涉仪；薄膜多腔 F－P 干涉仪；采用双折射晶体、极化玻璃、液晶或保偏光纤的偏振干涉仪等. 后者包含嵌入光学全通滤波器的光学干涉仪.

常见的三种类型即：晶体双折射型；全光纤熔融拉锥非平衡 M-Z 干涉仪型；嵌入光学全通滤波器的无限冲击响应型.

晶体双折射型是各大公司(JDSU，Oplink 等)普遍采用的制作方案，器件结构紧凑、稳定性好，通常采用正单轴晶体[矾酸钇(YVO_4)、金红石(TiO_2)]和负单轴晶体铌酸锂($LiNbO_3$). 矾酸钇双折射较大，硬度与玻璃相仿，容易加工；与之相比，金红石的双折射也较大，缺点是硬度偏大，不易加工，大尺寸金红石的生长较困难. 因此，通常采用矾酸钇晶体作为延迟单元. 但考虑到器件的温度稳定性，往往采用温度系数(热光系数、热膨胀系数)相反的两种晶体的组合搭配作为延迟单元.

无限冲击响应型(IIR)Interleaver 包含两种典型结构：迈克尔逊干涉仪与 G-T 干涉仪组合型(MGTI)，马赫曾德尔干涉仪与环形谐振腔的组合型(MZIR). MGTI 型 Interleaver 具有以下优点：可以设计成多种结构(全光纤型，偏振无关型或双折射型体光学器件)；信道间隔和中心波长可调；温度补偿相对简单. 早在 1977 年 Hiroyuki Kumazawa 在国际期刊 MTT 上首次提出采用介质谐振腔改善滤波器频谱特性的方案[65]. 1988 年日本的 Kazuhiro Oda 研究了用于频分复用(FDM)系统的相似结构平面波导型光波分复用器[66]. 2000 年 Kohtoku M. 报道了 FSR 为 200 GHz 的通带平坦型波分复用器[67]，与前者的区别是：后者是在波导研制工艺取得较大突破的背景下研制的，并且用多模干涉耦合器(MMI)替代了波导定向耦合器，波导芯层与包层相对折射率差较大，器件损耗显著降低. 1998 年 Benjamin D. B. 首次报道了采用 Michelson 干涉仪和 GT 腔镜的带通滤波器[68, 69]，为 MGTI-Interleaver 的发展奠定了较好的理论和实验基础. 以上两种方案实质上都是利用环形腔内行波或 GT 腔内驻波的非线性相位响应改善带通滤波器的频谱特性，因此可被划分为同一类，即无限冲击响应型光学滤波器. 华中科技大学的张波硕士对双折射型 MGTI-Interleaver 进行了理论和初步的实验研究[70]. 我对基于 3×3 光纤耦合器的 MZI 与薄膜 GTI-OAPF 组合型 Interleaver 进行了详细的理论分析和数值仿真[60]，结构的改进便于对研制过程的在线监测，也有利于研制多功能光学滤波器的组合模块和双向光子器件. C H Hsieh 用两个 GTI 分别替代两个全反射镜[71]，邵永红则用双腔 GTI 替代一个全反射镜[72]，仿真结果表明器件特性会得到改善.

全光纤非平衡 M－Z 干涉仪型 Interleaver 具有以下优点：便于和光纤熔接，插入损耗小；偏振无关；制作工艺相对简单，成本低. 缺点是温度稳定性差，解决方法主要有 PZT 负反馈控制、半导体帕尔贴效应控温、紫外激光照射光纤引起光折变效应进行相位修正等. ITF Optical Technologies 公司和 Wavesplitter 公司采用全光纤 M－Z 干涉仪制作 Interleaver 并有产品出售[63].

S. Cao 也对波长交错滤波器的技术方案进行了更为系统的分类和比较[64]，他认为目前的技术方案可以笼统地划分为栅格滤波器(Lattice filter)、G－T 腔迈克尔逊干涉仪和阵列波导光栅(AWG)三大类. 采用双折射晶体的 Lyot 或 Solc 型双折射滤波器和马赫-曾德尔干涉仪型光学滤波器属于 Lattice Filter，前者包括双折射相位延迟单元和偏振无关相位延迟单元两种，后者类似 Lyot 滤波器，通常采用平面波导或光纤研制. G－T Interleaver 则分为干涉型和双折射模拟型两种. AWG 路由器则包括信道交错滤波器和波带交错滤波器.

通常 Lattice filter 的设计目标为 1∶2 信道交织或波带交织，要实现 $1:2^N$ 交错滤波则需要(2^N-1)个 Interleaver；G－T 型适合 1∶2型和非对称型交错滤波器；AWG 则适合 $1:2^N$ 型，属单级结构. 具体比较如下：

1.4.3.1 栅格结构波长交错滤波器

设计栅格结构波长交错滤波器的三个关键因素：群延迟单元；延迟单元的数目和单元间的功率交换；多个滤波器串接消除色散的影响.

晶体双折射型波长交错滤波器的经典结构是：起偏器、双折射波片和检偏器. 合成特定滤波函数的自由度包括：串接波片的数目、厚度比、波片间的主轴夹角，波片与偏振器的夹角. 为了适应通信系统对器件偏振不敏感性的要求，必须采用偏振多样化技术(Polarization diversity，例如：Wollaston 棱镜型偏振分束器），使入射光束分为两束正交偏振光波，正向通过串接波片，偏振互换后再反向通过波片，最后合束到两个输出端口．如图 1.16(a)所示，晶体双折射滤波器的一个结构单元由三片晶体组成（两片延迟晶体和一片相位补偿晶体）．器件的自由谱范围 $FSR = c/(\Delta n_1 L_1 \pm \Delta n_2 L_2)$，式中 $\Delta n_{1,2}$ 和 $L_{1,2}$ 分别表示延迟晶体的双折射和长度，c 表示光速．正单轴晶体 Δn 取正值，相反，负单轴晶体 Δn 取负值．正负号(±)分别表示两片延迟晶体的非常轴平行或正交．为了消除温度的影响，通常选取温度系数相反的两种晶体 YVO_4 和 $LiNbO_3$ 进行组合搭配．另外，晶体的加工精度很难达到亚微米量级，必须串接低双折射晶体（例如石英）进行

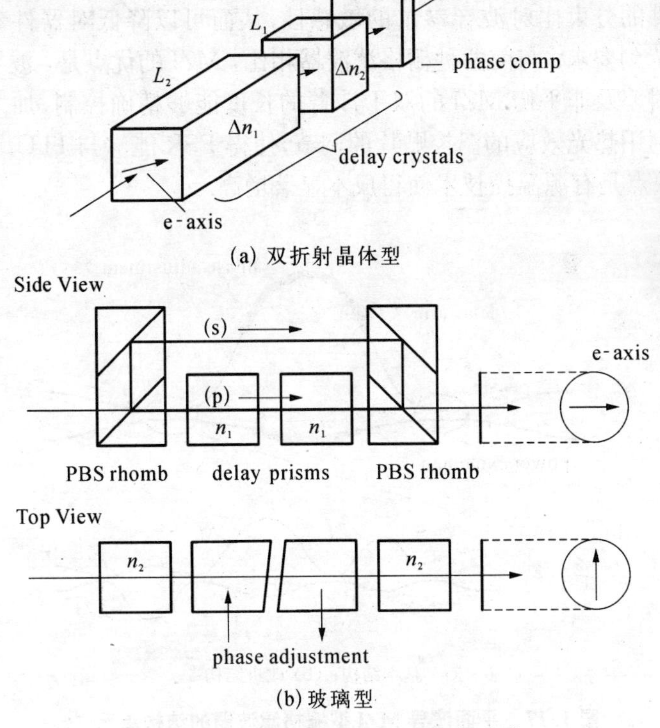

图 1.16　栅格滤波器的结构单元[64]

相位补偿，达到两个目的：保证位于正交偏振器间的串接单元的相位相同；交错滤波器透射峰的中心波长与 ITU 规定的 DWDM 标准信道波长的精确匹配.

如图 1.16(b)所示，用玻璃替代晶体构成延迟单元需要两个偏振分束器(PBS)和相位延迟棱镜对. 优点是能够得到较高的“双折射”，即单位长度的差分延迟；玻璃材料的温度特性线性度好，其热膨胀系数容易与封装材料匹配. 为了保证延迟单元的质量，需要对 PBS 镀膜，使其偏振相关损耗(PDL)小于 0.1 dB，约 20 nm 的波长带宽内消光比大于 35 dB.

采用平面波导技术的马赫-曾德尔干涉仪(MZI)串接结构栅格滤波器，结构单元如图 1.17，采用图 1.17(b)所示的耦合器结构能够降低器件的分束比对波导参量的敏感性，从而可以降低对器件参量误差的苛刻要求. 与前两种栅格滤波器相比，MZI 的优点是：波导的有效折射率及非平衡 MZI 的双干涉臂的长度能够精确控制，加之干涉臂上利用热光效应的温控贴片的调节，使得 FSR 能够与 ITU 较好匹配. 缺点是有源温控技术使得成本显著增高.

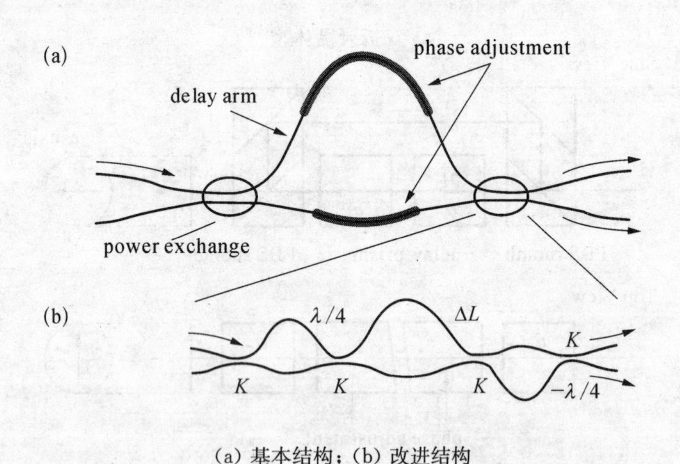

(a) 基本结构；(b) 改进结构

图 1.17 平面波导 MZI 型栅格滤波器的结构单元[64]

两种 Lattice 结构波长交错滤波器的发展现状：采用双折射晶体的偏振干涉型光学滤波器的研究始于 20 世纪 40 年代，当时主要用于太阳物理方面的研究，1987 年 W J Carlson 首次报道了采用双折射晶体研制的通带平坦型波分复用器[73]．直到近几年，随着波分复用光网的迅速发展和波长交错滤波器设想的提出，才引起人们对该类滤波器的高度重视，现在已有商品出售．上海光机所的蔡燕民博士[74]、张娟博士[75]，上海交通大学光学研究所的陈英礼教授等[76]，华中理工大学的张波[70]，JDS 公司的 Huishi Li 和 Huang River[77]，上海大学的郭海涛[78]等都以双折射波长交错滤波器为研究对象，内容涉及结构参量的优化设计、新型延迟单元的选择、滤波器的温度稳定性和色散补偿、双折射 GT - Interleaver 的理论和实验演示等．平面波导 MZI 型 Interleaver 最早由日本的 Oguma M. 报道[67, 68]，发展为 AWG - MZI 型[79]，关于 MZI 型光学滤波器的设计，日本的 Jinguji K. 作过系统的理论研究[80—82]．OpLink 通信公司以晶体双折射型为主，也开发了全光纤 MZI 型 Interleaver．其实，早在十年前，人们就尝试用光纤 MZI 作波分复用器，器件的稳定性差的问题一直没有得到较好解决．MZI - Interleaver 与波分复用器不完全相同，要实现通带平坦必须采用多级串接结构．近来，有人转向特殊 Interleaver 的研究（三输出端口 MZI 型），这是对三干涉臂 MZI 的一种发展，也是对波导结构 AWG 的一种光纤模拟[83]，我也作了一些相关研究[84, 85]．

1.4.3.2　基于 Gires - Tournois 干涉仪（GTI）的波长交错滤波器

用 GTI 替代 Michelson 干涉仪的一个或两个全反射镜是该类滤波器的一种典型结构；嵌入环形干涉腔的 MZI 是另外一种典型结构．它们同属于无限冲击响应型（IIR）波长交错滤波器，在其结构中都引入了具有非线性相位响应特性的光学全通滤波器（OAPF)．不同点是 GT 腔中是驻波，而环形腔中是行波．

基于 GT 干涉仪的波长交错滤波器又分为两种：干涉型（图 1.18）和双折射型（图 1.19）．

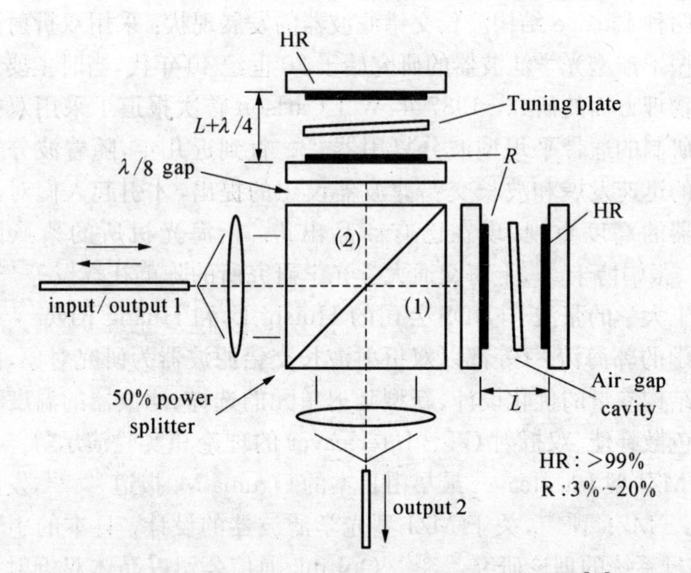

图 1.18　干涉型 GT-Michelson 波长交错滤波器[64]

干涉型 GT-Michelson 波长交错滤波器的两个干涉臂的相位延迟:

$$\Delta\Phi = -2\tan^{-1}\left(\frac{1+\sqrt{R}}{1-\sqrt{R}}\tan(kL)\right) + 2\tan^{-1}\left(\frac{1+\sqrt{R}}{1-\sqrt{R}}\tan\left(kL+\frac{\pi}{2}\right)\right) - \frac{\pi}{2}, \tag{1.1}$$

输出功率:

$$\begin{cases} I_1 = I_0\cos^2\left(\dfrac{\Delta\Phi}{2}\right), \\ I_2 = I_0\sin^2\left(\dfrac{\Delta\Phi}{2}\right). \end{cases} \tag{1.2}$$

如果只用一个 GTI,迈克尔逊干涉仪的双干涉臂的程差必须借助辅助调谐波片,双臂的色散不匹配,容易产生较大的色散.

GT 腔的相位和 FSR 的温度相关性是影响干涉型 GT-

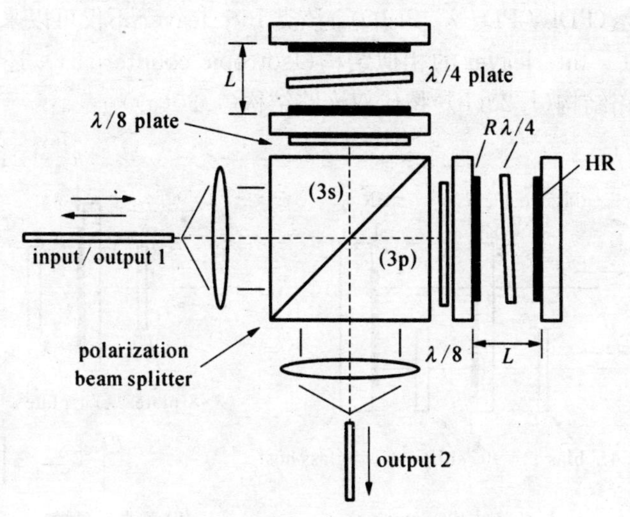

(a) 与干涉型 GT-Interleaver 的相似结构

(b) 经过 PBS 的光波的合束不存在干涉

图 1.19　双折射型 GT 波长交错滤波器[64]

Interleaver 特性的主要因素. 通常采取空气隙 GT 谐振腔,薄膜镀在玻璃的内表面. GT 腔的准直是获得正确 FSR 的技术关键,而两个 GTI 与分束器相对位置的准直影响着滤波器的谱形、传输谱与 ITU 标准信道的精确匹配.

由于干涉型 GT-Interleaver 中结构参量的容差范围较小,于是科研人员提出 B-GT 波长交错滤波器,结构参量的容差转化为偏振相关参量(PDL，PD-λ，PMD)．该类Interleaver不仅可以采用与干涉型GT-Interleaver的相似结构(Isotropic counterpart)，还可以采用单光路结构(1.20(b))替代双光路结构(1.20(a))．

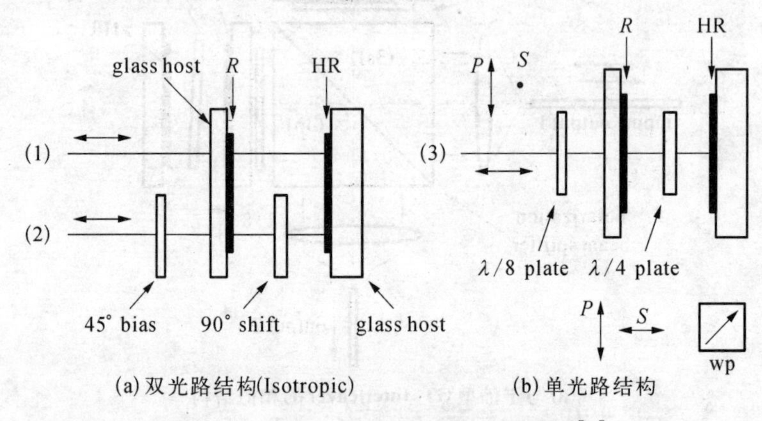

(a) 双光路结构(Isotropic)　(b) 单光路结构

图1.20　B-GT-Interleaver的两种结构[64]

1.4.3.3　阵列波导光栅(AWG)型波长交错滤波器

AWG可以替代多级串接MZI型栅格滤波器，实现波长交错滤波功能．在结构上，AWG具有多个干涉臂，而常规MZI只有两个；AWG的干涉臂的长度单调增加，相邻干涉臂的长度差相同；AWG具有多个输出端口，可以构成单级1∶N波长交错滤波器．

两个星型耦合器(Star Coupler)间的多波导构成自由谱范围$FSR=c/(n_g\Delta L)$的光栅．n_g和ΔL分别表示波导的群折射率和相邻波导的长度差，两者乘积代表光程差．m阶光栅的中心频率$f_0^{(m)}=m\,FSR$．用作波分复用器的AWG的FSR大，需要低阶光栅；用作波长交错器的AWG，每个输出端口只输出N个信道中的一个信道，FSR减小($FSR\doteq N\times C$，式中C表示信道间隔)．几点说明：AWG的通带平坦化涉及星型耦合器和波导界面的优化设计；它属于单级FIR滤波器，色散相对较小，不必采用串接结构消除色散的影响．

除了以上三种，还有光纤光栅和薄膜多腔F-P干涉仪型波长交错滤波器. 下面分别加以介绍.

1.4.3.4 光纤光栅型波长交错滤波器[86]

清华大学陈向飞副教授领衔的课题组提出许多创新性设想(比如“取样周期啁啾”、“等效啁啾”等,并进行了实验验证). 他们在传统的取样光纤布拉格光栅(FBG)中引入大的周期啁啾,通过取样调制和啁啾调制的相互耦合、光栅结构参数的优化, 实现了基于单级 FBG 的高质量群组波长交错滤波器.

取样布拉格光栅(SBG)是受到周期性取样函数调制的布拉格光栅,可以看作等效高阶莫尔光栅(SMG, Super Moiré Grating),当 SBG 的周期受到较大的啁啾调制时,会出现带纹波的多通带滤波现象. 如果每个取样的折射率调制函数为高斯分布,滤波器的特性能够得到进一步改善(通带平坦、边缘陡峭、纹波系数小,接近线形相位响应).

啁啾取样布拉格光栅(CSBG)的啁啾表示如下:

$$\Lambda(z) = \Lambda_0(1 - cz), \quad -l/2 < z < l/2, \tag{1.3}$$

式中 Λ 表示光栅周期,Λ_0 表示光栅中心位置的光栅周期,c 和 l 分别表示啁啾系数和光栅长度.

每个取样内折射率的高斯调制函数

$$\delta n(z') = \delta n_0 \exp\left[-u\left(\frac{z'}{h/2}\right)^2\right], \quad -h/2 < z' < h/2, \tag{1.4}$$

式中 δn 表示每个取样内折射率调制幅度,δn_0 和 u 是两个参量,取样长度 $h = rl/N$, 取样率 r(取样长度/取样周期),取样数 N.

作为参考,图 1.21 给出陈向飞博士的一个设计结果. 啁啾取样光栅的设计参数如下:$l = 20\ \text{mm}$, $N = 19$, $c = 4.92 \times 10^{-4}\ \text{mm}^{-1}$, $r = 0.5$, $\delta n_0 = 2.4 \times 10^{-3}$, $u = 3$.

基于光纤光栅的波长交错滤波器的另一个设计方案是在光纤干涉仪(MZI 或 SI)上制作光纤光栅. 上海光机所的李琳博士和蔡海文博士对干涉臂上刻有光纤光栅的 MZI 型波长交错滤波器作了一些研

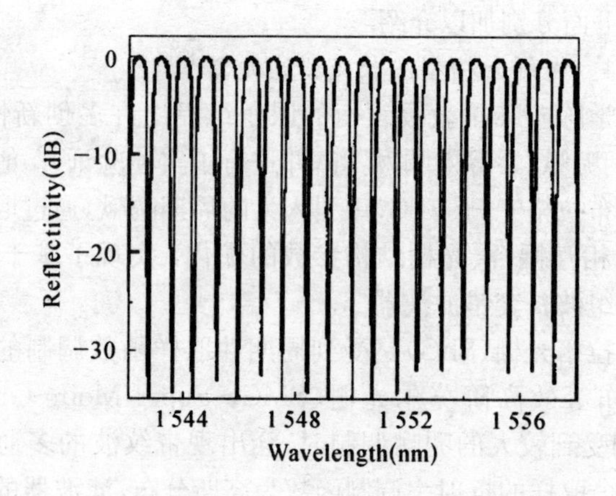

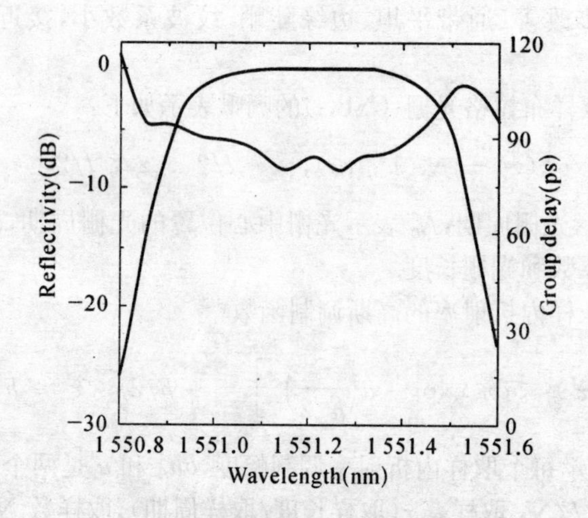

图 1.21 取样光栅型波长交错器的反射谱和群延迟谱[86]

究[87]. 该方案的隔离度较低,参量偏差容易导致频谱不对称现象,工艺难度较大.

1.4.3.5 双调谐 MEMS-GTI 波长交错滤波器

Kyoungshi Yu 采用 MEMS(micro-electro-mechanical system)

技术和改进的 GT 干涉仪实现波长交错器的自由谱范围(FSR)和中心波长的双调谐[88]，如图 1.22 所示. 改变微透镜阵列和分束器间空气隙的距离实现 FSR 的调谐;透镜沿纵向的位置移动不到 1 微米即能实现透射峰中心波长在一个 FSR 内的连续调谐. 改进的 GTI 与常规结构的区别是:用微机电系统控制的微透镜阵列替代了 GTI 的后反射镜. 入射光束在 GT 腔内形成多次反射,出射光波经会聚透镜聚焦到用于输出光波的光纤阵列.

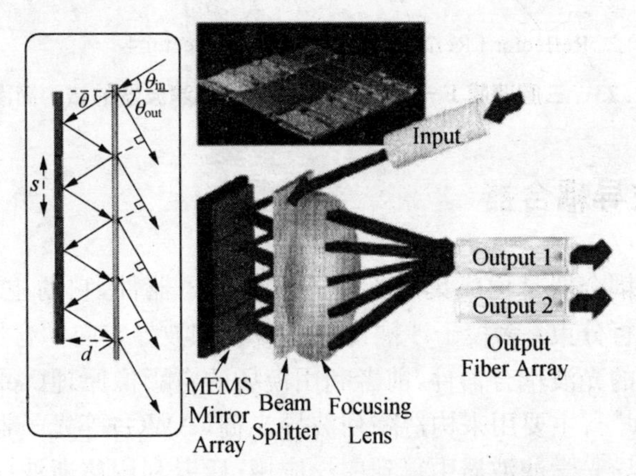

图 1.22　MEMS - GTI 波长交错器的结构简图[88]

1.4.3.6　薄膜多腔 F - P 干涉仪型波长交错滤波器[89]

浙江大学的陈海星博士采用固体腔(石英)F - P 滤光片作为基本单元,把多腔 F - P 干涉仪等效为多镜系统,利用多光束干涉和多镜理论得到简单的关系式,合理选择参量，得到纹波系数小、通带平坦的波长交错滤波器. 采用固体腔的优点:避免了在同一基底上镀制大量层数的薄膜;减小了误差控制难度,提高了成品率;器件结构简单,性能增强. 下面给出三腔 F - P 干涉仪型波长交错滤波器的一种结构简图(如图 1.23 所示). 这种滤波器也可归入 Lattice 结构.

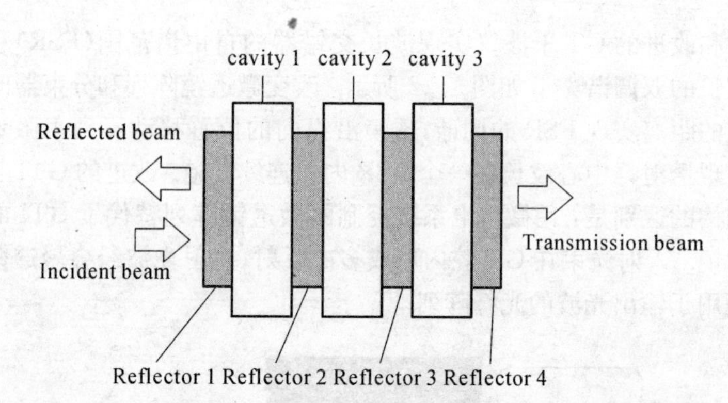

图1.23 三腔薄膜 F-P 干涉仪型波长交错滤波器的结构简图[89]

1.5 波导耦合器

波导耦合器是构成集成光路的重要光子器件，它的主要功能是对光波进行分束．多模干涉耦合器(MMI)和波导定向耦合器(DC)是两种重要的光波耦合器件，前者利用模场的自影像原理(self-imaging principle)[90]，主要用来构造阵列波导光栅(AWG)等光子器件，近来在平面波导光学滤波器中得到广泛应用；后者利用悠逝波(evanecent wave)的耦合，又可细分为平面波导定向耦合器和光纤定向耦合器，它是一类研究较早并得到普遍应用的波导耦合器件．为了加深对 MMI 的了解，图 1.24 给出 1×4 和 1×12 MMI 波导耦合器内的光场分布(APOLO 软件的计算结果)．

关于波导耦合器中的模场传输和耦合方面的理论研究较多，数值研究包括时域有限差分法(FDTD)和光线传输法(BPM)等，解析研究包括变分法、高斯函数法、圆谐波展开法、格林函数法等．

本论文在相关章节中，采用一种新的正交基(Chebyshelve Polynomial)，对弱导、弱耦合多波导耦合系统的耦合模方程的特性和解析解进行了详细的理论研究，具体包括环形分布和线形分布两种结构，并对 Chebyshev 多项式进行了推广，考虑非相邻波导

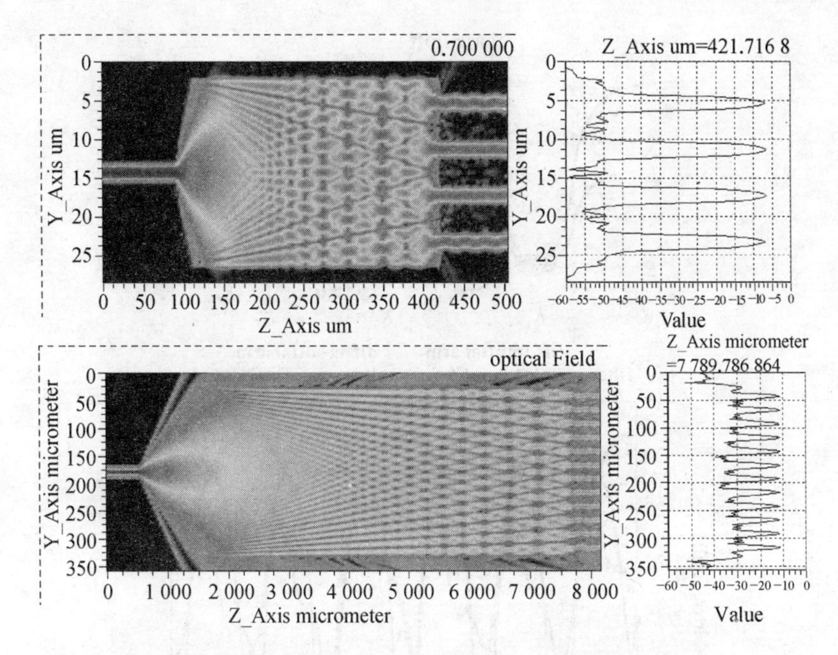

图 1.24　1×4 和 1×12 MMI 波导耦合器内的光场分布

间模场耦合时，用推广的 Chebyshev 多项式得到形式上相同的解析解.

开展该项研究的目的主要是为了得到 $N\times N$ 波导定向耦合器的传输矩阵，从而可以得到耦合器不同输出端口模场的幅度和相位关系，进而求出由定向耦合器构成的多干涉臂 MZI 干涉仪型波分复用器的设计参量(附加相移修正等)，希望能够在理论研究上得到一些对实验研究有指导作用的结果. 当然，本文的研究还没有推广到更为一般的非对称分布波导耦合器，还没有涉及偏振耦合、损耗、耦合系数的波长依赖性等许多问题，作为一种尝试，还有待深入研究和完善.

下面以 3×3 光纤耦合器的应用为例，说明多端口波导耦合器在构造新型光子器件中的作用[83, 91~93]. 图 1.25 采用三干涉臂

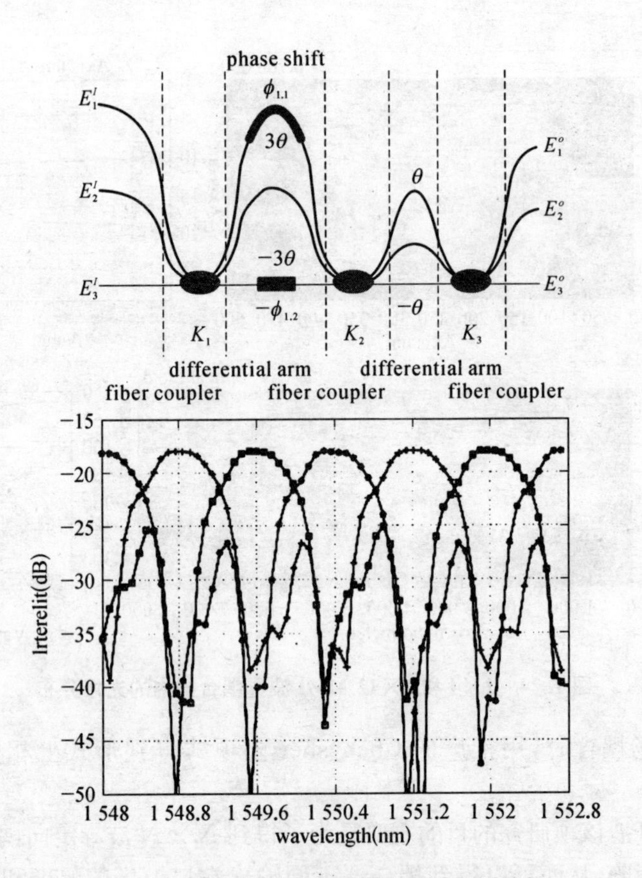

图 1.25　三干涉臂马赫-曾德尔干涉仪型波长交错滤波器的结构和特性[83]

MZI 实现三波分复用，图 1.26 是基于 3×3 光纤耦合器的双环结构光缓存器，图 1.27 则采用三干涉臂 MZI 进行色散斜率补偿．论文还采用组合波导理论研究了一种新型 2×6 熔锥光纤耦合器，得到耦合区内各光纤中的模场分布的解析表达式，并对其功率耦合特性进行了仿真，找到等功率点，并由许强硕士进行了初步的实验验证．

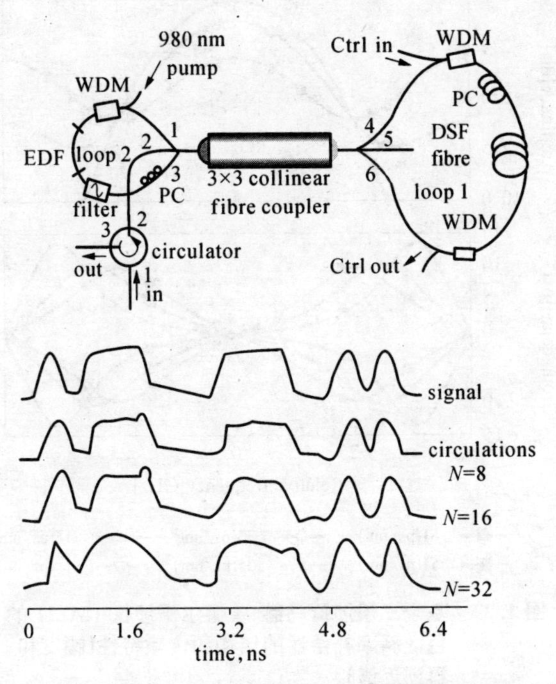

图 1.26　基于 3×3 光纤耦合器的双环结构光缓存器[91]

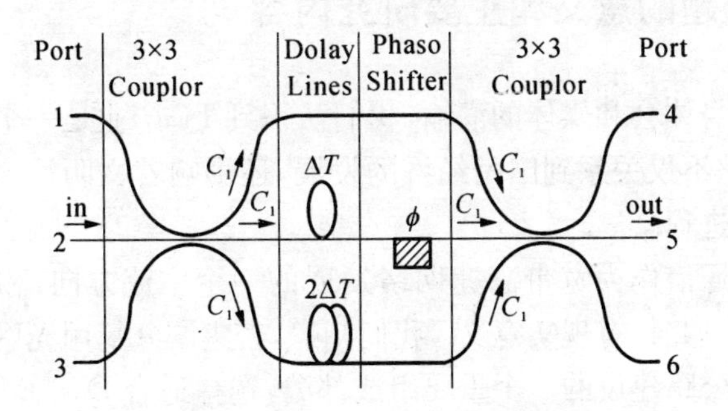

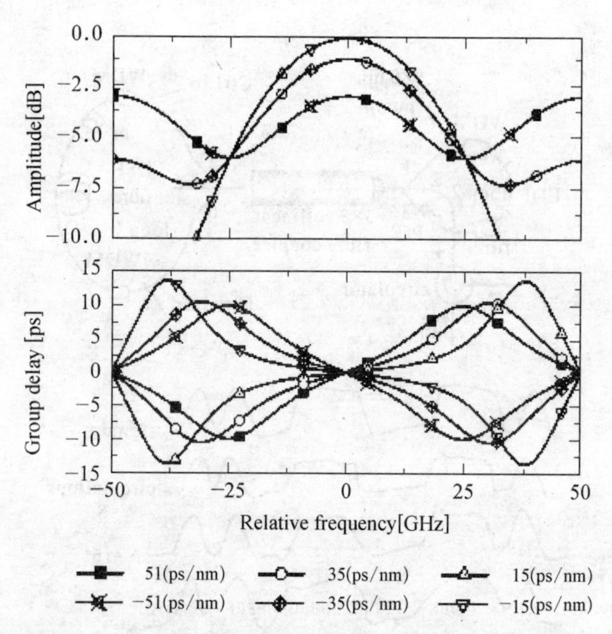

图 1.27 基于三干涉臂马赫-曾德尔干涉仪（MZI）的色散斜率补偿器的结构和传输特性(幅度和群延迟谱)

1.6 选题的意义和主要研究内容

从切身体会和媒体的灌输，我们认识到 IT 产业是一个庞大的系统工程，它不仅关系到国民经济的发展，还影响着文明社会的现代化和信息化进程.

光纤通信作为宽带高速网络发展的一个主流方向，相关技术和应用基础研究具有现实意义. 我们知道，密集波分复用光网已经成为信息高速公路建设的一个重要组成部分，选择适合 DWDM 光网的光子器件(光学梳状滤波器和多功能组合模块)作为研究对象，符合“科技前沿和具有学术价值”的选题原则.

希望通过数理模型的建立、特性仿真、理论分析和相关技术探索，为器件的实用化设计与研制奠定较好基础．在现有条件下，偏重理论研究，条件允许的情况下，将更多地进行实验技术的探索，更好地贯彻理论与实践相结合的科研准则．其实，研究的过程也是学习的过程，作为一个在职研究生，通过课题研究提高学术水平和科研能力，这本身就是一种收获．当然，还有很多问题值得深入研究，还有许多需要完善的地方．能够得到专家教授们的建议和指正将有利于我们年轻人更好地发展．

论文主要由三部分组成：光学全通滤波器(OAPF)、群组波长交错滤波器(Interleaver)和多波导定向耦合器．三者并不是孤立的，OAPF是一种相位梳状滤波器，不仅可以用于多信道色散补偿，还可以改善带通滤波器的频谱特性．OAPF与干涉仪结合是通带平坦型群组波长交错滤波器的一个可行方案．Interleaver是一种新型波分复用器件，属于幅度梳状滤波器．该章又分为三个部分：多功能双环谐振光学梳状滤波器、无限冲击响应型Interleaver和基于多端口光纤耦合器的多功能组合模块．本章研究内容体现了OAPF和多端口耦合器在波长交错滤波器设计中的应用，是论文的核心和交汇点．最后一章是多波导定向耦合器，该章偏重解析研究．首次采用Chebyshev多项式得到线形和环形排列、多波导耦合系统耦合模方程的解析解，从中可以得到传输矩阵，计算光波在耦合系统中的演化(幅度和相位)．另外，采用组合波导理论和线性方程组的求解技巧，得到一种新型2×6熔锥光纤耦合器的模场分布，数值计算了功率耦合特性，找到等功率点，并由硕士生许强(导师：黄肇明教授)在上海康阔光通信技术有限公司进行了初步的实验验证，这将有利于设计基于多端口光纤耦合器的新型光子器件(光开关、光学滤波器、色散补偿器、光缓存器等)．

第二章　光学全通滤波器

引言

光学全通滤波器(OAPF)是幅度响应为常数,相位响应随频率变化的相位光学滤波器. 它沿用了数字信号处理理论中全通滤波器(APF)的概念,可以借助数字滤波器的设计理论,结合 OAPF 的具体物理模型进行设计分析[21].

目前,OAPF 有以下几种实现方式: 薄膜干涉型 Gires - Tournois 干涉仪[29~36],基于平面波导技术的集成光路结构 OAPF[26, 27],分布反馈型光纤光栅 G - T 标准具[47, 50]. OAPF 主要用来构造光延迟线、进行色散或色散斜率补偿、改善带通滤波器(BPF)的频谱特性等[32, 38, 41, 44, 67, 68].

本文在薄膜干涉型 OAPF 的设计分析及其应用方面作了一些理论研究,例如: 薄膜干涉型多信道色散补偿光学全通滤波器[58~61]. 具体包括三种数理方法(迭代式法、解析表达式法和传输矩阵法);详细研究了单腔 GTI - OAPF 的光学特性(幅度、相位、群延迟色散);讨论了小角度调谐和大角度入射引起的偏振分离现象(Polarization Splitting Phenomenon);设计了适合多信道色散补偿的串接结构薄膜干涉型 OAPF,并构造了平顶光延迟线;对几种典型的多腔结构 GTI - OAPF 进行了设计和分析. 另外,在第三章中还研究了 OAPF 在改善带通滤波器频谱特性方面的应用: 嵌入 OAPF 的马赫-曾德尔干涉仪型波长交错滤波器[60].

2.1 全通滤波器与光学全通滤波器

2.1.1 定义与数学表示

在电路设计和数字信号处理的相关理论中[20]，全通滤波器作为一种线性系统，输出与输入通过系统函数相关联，以离散线性系统为例，$h(n)$为系统的离散冲击响应，通过 Z 变换得到相应的系统函数 $h(z)$，则系统的频响：

$$H(\omega) = H(z)\big|_{z=\mathrm{e}^{\mathrm{j}\omega T}}, \tag{2.1}$$

APF 的系统响应和频响分别表示为：

$$H(z) = \prod_{i=0}^{N-1} \frac{z - z_i}{z z_i^* - 1}, \tag{2.2}$$

$$H(\omega) = \prod_{i=0}^{N-1} \frac{\mathrm{e}^{\mathrm{j}\omega T} - r_i \mathrm{e}^{\mathrm{j}\theta_i}}{r_i \mathrm{e}^{\mathrm{j}(\omega T - \theta_i)} - 1}. \tag{2.3}$$

可见，APF 的零点和极点关于单位圆呈镜像对称分布，且 APF 的频响可以表示为：$H(\omega) = |H(\omega)|\exp[\mathrm{j}\,\varphi(\omega)]$，$|H(\omega)| = C$，$C$ 表示常数，无损耗的理想情况下，$C = 1$，即 APF 是幅度响应在所有频率为常量，相位响应随频率变化的线性系统. N 阶数字全通滤波器由低阶全通节以级联的形式构成，更具一般性的全通滤波器的系统函数表示为：

$$H(z) = \pm \prod_{k=1}^{N} \frac{z^{-1} - a_k^*}{1 - a_k z^{-1}} = \pm \frac{z^{-N} D(z^{-1})}{D(z)}, \tag{2.4}$$

上式中 a_k 为复数且 $|a_k| < 1$. $D(z) = 1 + d_1 z^{-1} + \cdots + d_{N-1} z^{-(N-1)} + d_N z^{-N}$，$D(z)$为实系数多项式. 当 $z = \exp(\mathrm{j}\,\omega T)$ 时，$D(z)$与 $D(x^{-1})$互为复共轭，即 $D(\mathrm{e}^{\mathrm{j}\omega T}) = D^*(\mathrm{e}^{-\mathrm{j}\omega T})$，满足全通系统的要求：$|H(\mathrm{e}^{\mathrm{j}\omega T})| = 1$. OAPF 沿用 APF 的相关理论，数学表示

形式有些不同.

G. Lenz 提出 OAPF 的一般设计思路[25]：用网络的观点解释，把 $N\times N$ 光学器件等效为 $N\times N$ 网络，N 个输出和 N 个输入通过 $N\times N$ 散射矩阵相联系，把任意 $N-1$ 个输出端口分别和 $N-1$ 个不同输入端口相连，形成反馈回路，如果 $N\times N$ 散射矩阵为幺正矩阵，且系统频响为单位模量 $|H(\omega)|=1$ 或其他常量，则其频响 $H(\omega)$ 具有 OAPF 的形式，对矩阵元素的约束条件涉及 OAPF 的参量设计，反馈回路可用光延迟线，也可用低阶 OAPF，从而构成不同阶 OAPF.

2.1.2 典型结构与应用

2.1.2.1 薄膜干涉 G-T 干涉仪型光学全通滤波器的典型结构[29]

G-T 干涉仪是反射型 F-P 腔，由部分反射镜、介质腔和全反射镜构成. 如图 2.1 所示，石英充当 G-T 腔的腔内介质，其上表面镀减反射膜，减反射膜与氮氧化硅(SiON)薄膜及厚度可调的空气隙构成部分反射镜. 石英板的下表面镀多层介质膜形成反射率接近 100% 的全反射镜，石英板的厚度决定滤波器的自由谱范围的大小 ($FSR=c/(2n_gL)$，n_g 和 L 分别表示介质的折射率和厚度)，衬底置于热电致

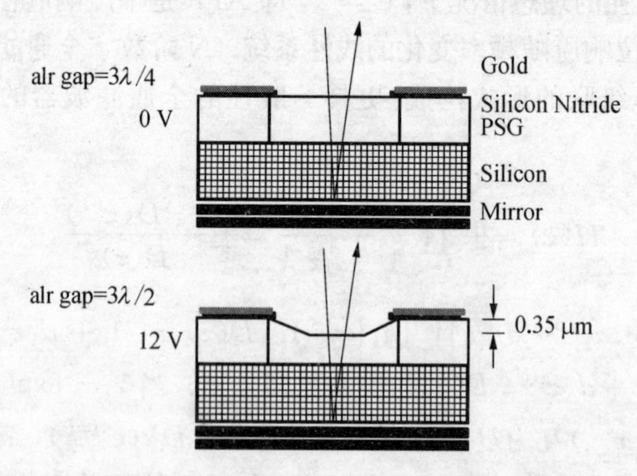

图 2.1 空气隙电压调谐型 MEMS 光学全通滤波器的结构[29]

冷器上,利用热光效应可以调节介质腔的厚度. 因此,部分反射镜的反射率和 G-T 腔的厚度都是可调的,改变相关的控制参量可以获得一定大小、一定带宽的线性度较好的群延迟曲线.

2.1.2.2 平面波导环形腔结构光学全通滤波器[26]

平面波导环形谐振腔类似于 F-P 腔,环路中相移器的相移量 ϕ 和定向耦合器的耦合系数 k 是影响器件相位响应和群延迟响应特性的两个关键参量. 与单级 OAPF 相比,多级 OAPF 串接结构构成的高阶色散补偿器具有以下优点:最大色散和通带宽度增加,适合高速率可重置波分复用光网的发展要求.

由 N 个环形腔 OAPF 串接得到的线性滤波系统的频率响应表示如下:

$$H(\omega)=\prod_{n=1}^{N}\exp(-\mathrm{j}\,\phi_n)\frac{\rho_n\exp(\mathrm{j}\,\phi_n)-\exp(-\mathrm{j}\,\omega T)}{1-\rho_n\exp(-\mathrm{j}\,\phi_n)\exp(-\mathrm{j}\,\omega T)},\quad(2.5)$$

式中 $\rho_n=\sqrt{1-k_n}$ 表示第 n 个定向耦合器的幅度直通系数,k_n 为功率耦合系数. 滤波器的频响是周期性的,自由谱范围 $FSR=1/T=c/(n_g L)$,参 T(光波在环形腔内的单程时间延迟),参量 c(光波在真空中的光速),群折射率 $n_g=n_e-\lambda\mathrm{d}n_e/\mathrm{d}\lambda$,$n_e$ 表示基模的有效折射率. 环形腔 OAPF 反馈回路的物理长度 $L=2\pi R+2L_c$,R 和 L_c 分别表示满足设计要求的环的最小弯曲半径和耦合器耦合区的最大长度.

滤波器的相位响应 $\phi(\omega)=\tan^{-1}\{\mathrm{Im}[H(\omega)]/\mathrm{Re}[H(\omega)]\}$,因此,群延迟和色散分别表示为:

$$\begin{cases}\tau(\omega)=-\dfrac{\mathrm{d}\phi(\omega)}{\mathrm{d}\omega}=T\displaystyle\sum_{n=1}^{N}\frac{1-\rho_n^2}{1+\rho_n^2-2\rho_n\cos(\omega T-\phi_n)},\\ D(\lambda)=\dfrac{\mathrm{d}\tau}{\mathrm{d}\lambda}.\end{cases}\quad(2.6)$$

C. K. Madsen 小组最先研制了由平面波导环形腔构成的高阶色散补偿器:石英衬底,波导芯层为掺锗石英,芯与包层的相对折射率差达到1.2%，相移器是沉积在波导包层上表面的铬(Cr)加热器. 设计参量 $k_1=0.88$，$k_2=0.96$，双环的相移差值 $\Delta\phi=\phi_1-\phi_2=1.7$ rad. 研制器件的结构参量与设计指标接近，测试结果：色散达到 −4 251 ps/nm，通带宽度4.5 GHz，群延迟抖动幅度±5 ps，因此该滤波器可以用来补偿250 km常规光纤的色散(17ps/nm/km).

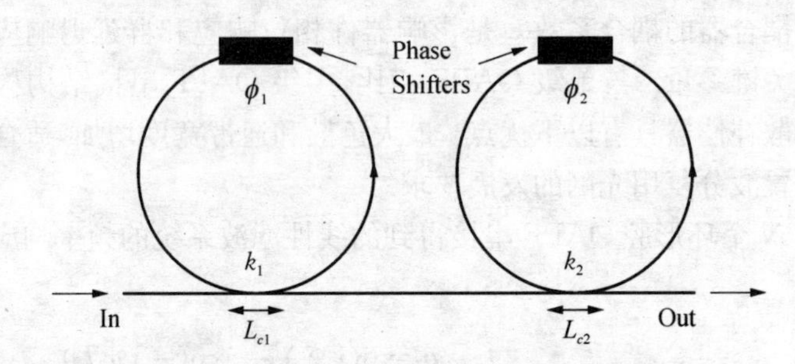

图2.2　环形腔OAPF色散补偿器的结构[26]

2.2 F-P标准具的分类与F-P色散[62]

光通信器件的色散是影响高速DWDM系统性能的一个关键因素. 根据色散来源的不同，可以分为材料色散、波导色散、由光波的干涉特性引入的色散等. 在光学器件和多功能组合模块中容易形成各种结构法布里-帕罗(F-P)标准具(存在相互平行的表面，包括平面和曲面)，从而引入标准具特有的色散. F-P标准具属于多光束干涉，不仅对入射光波的幅度进行调制，也对其相位进行调制，结果引入群延迟色散，可以笼统地称之为F-P色散.

F-P标准具有很多种类，根据标准具表面反射率的大小、腔内有无损耗和腔内介质材料的不同，F-P标准具可以划分为以下几种类型：对称标准具(表面反射率相同 $R_1=R_2$)；AR-AR标准具(反射率很小，例如 $R<1\%$)；R-L-R或AR-L-AR标准具(腔内存在光能损耗)，就色散效应而言，不难证明这一类带内部损耗的标准具等同于 $R_1\neq R_2$ 的非对称标准具；AR-HR或G-T标准具，当高反镜

成为全反射镜时(反射率接近 100%),G-T 标准具成为 G-T 干涉仪,属于光学全通滤波器,在一定波长带宽内幅度接近常数(幅度调制引入的波纹较小),相位调制比较明显,是一种典型的相位滤波器. 根据腔内介质的不同,又可分为空气隙标准具和固体腔标准具. 薄膜 G-T 干涉仪与薄膜啁啾镜一样,主要用于超短脉冲固体激光器的腔内色散的补偿[94~97]. 近来,G-T 干涉仪的应用范围拓宽到光通信领域,本文就是在这种背景下开展了相关研究.

在 DWDM 光纤通信系统中,F-P 色散对系统性能的负面影响可以根据色散周期和信道间隔的相对大小进行粗略估计. 1) 当 F-P 色散的频率比信道间隔大得多时,称为高频色散或频道内振动色散,色散效果被平均化,从而降低了色散对信号的影响. 例如:光纤光栅光学滤波器,由端面 F-P 标准具效应引入的高频群延迟抖动就属于这种类型. 2) 如果 F-P 色散频率比系统信道间隔小得多,则称为带间低频色散,这种色散的效果更像一般的线性色散或"直流"色散. 3) 共振色散(F-P 色散周期与信道间隔接近或相等),它对系统的影响最大,应该予以补偿. 反之,利用共振色散效应研制的光学滤波器同样可以对其他光学器件和光通信系统的色散或色散斜率进行补偿,本章研究的 G-T 干涉仪在色散补偿方面的应用就体现了这一点.

2.3 光学薄膜反射系数的计算

薄膜光学滤波器反射系数的计算有多种方法,传输矩阵法(TMM)和迭代法(鲁阿德法)是较常见的两种[98, 99]. 首先, 对传输矩阵法作一简要说明之后, 给出一个适合薄膜 OAPF 设计的多层薄膜反射系数的迭代公式, 并用数学归纳法证明公式的正确性.

2.3.1 传输矩阵法[98]

假设介质膜各向同性,在不考虑介质损耗和色散的情况下,在均匀介质的内部，介电常数 ε、磁导率 μ 和折射率 $n=\sqrt{\varepsilon\mu}$ 都近似为常数. 如果光波以 θ 角入射(光波入射方向与介质表面的法线方向间的夹角)，对于 TE 波，特征矩阵

$$M(z)=\begin{bmatrix}\cos\phi_i & \frac{j}{p_i}\sin\phi_i\\ \mathrm{j}p_i\sin\phi_i & \cos\phi_i\end{bmatrix}, \tag{2.7}$$

式中 $p_i=n_i\cos\theta_i$ 代表光学导纳，$\phi_i=k_0n_ih_i\cos\theta_i$ 表示光波在第 i 层膜中传播的单程相位延迟，k_0 和 θ_i 分别表示光波在真空中的波矢量和光波在第 i 层介质膜内的折射角，$\mathrm{j}^2=-1$. 对于 TM 波，$p_i=n_i/\cos\theta_i$. 多层薄膜组成的膜系的光学导纳 $Y=C/B$，B 和 C 满足以下特征矩阵方程：

$$\begin{bmatrix}B\\ C\end{bmatrix}=\prod_{i=1}^{m}\begin{bmatrix}\cos\phi_i & \frac{\mathrm{j}}{p_i}\sin\phi_i\\ \mathrm{j}p_i\sin\phi_i & \cos\phi_i\end{bmatrix}\begin{bmatrix}1\\ p_s\end{bmatrix}. \tag{2.8}$$

膜系的反射系数 $r=(p_0-Y)/(p_0+Y)=\rho\exp(i\varphi)$，$p_0$ 和 p_s 分别表示入射介质和衬底的光学导纳. 如果总的传输矩阵的矩阵元分别用 m_{11}、m_{12}、m_{21} 和 m_{22} 表示，则反射系数 r 和透射系数 t，反射率 R 和透射率 T 分别表示为

$$\begin{cases} r=\dfrac{(m_{11}+m_{12}p_s)p_0-(m_{21}+m_{22}p_s)}{(m_{11}+m_{12}p_s)p_0+(m_{21}+m_{22}p_s)},\\[2ex] t=\dfrac{2p_0}{(m_{11}+m_{12}p_s)p_0+(m_{21}+m_{22}p_s)},\\[2ex] R=|r|^2,T=\dfrac{p_s}{p_0}|t|^2. \end{cases} \tag{2.9}$$

对于 $2N$ 层膜组成的周期性分层媒质(高折射率膜层和低折射率膜层组成一个重复单元)，其特征矩阵为

$$
\begin{cases}
M_{2N}(Nh) = \begin{bmatrix} \mu_{11} & \mu_{12} \\ \mu_{21} & \mu_{22} \end{bmatrix}, \\
\mu_{11} = [\cos\beta_2 \cos\beta_3 - (p_3/p_2)\sin\beta_2 \sin\beta_3] \times u_{N-1}(a) - u_{N-2}(a), \\
\mu_{12} = -\mathrm{i}[(1/p_3)\cos\beta_2 \sin\beta_3 + (1/p_2)\sin\beta_2 \cos\beta_3]u_{N-1}(a), \\
\mu_{21} = -\mathrm{i}[p_2 \sin\beta_2 \cos\beta_3 + p_3 \cos\beta_2 \sin\beta_3]u_{N-1}(a), \\
\mu_{22} = [\cos\beta_2 \cos\beta_3 - (p_2/p_3)\sin\beta_2 \sin\beta_3] \times u_{N-1}(a) - u_{N-2}(a), \\
a = \cos\beta_2 \cos\beta_3 - (1/2)(p_2/p_3 + p_3/p_2)\sin\beta_2 \sin\beta_3.
\end{cases} \tag{2.10}
$$

式中 $u_N(x)$ 是第二类切比谢夫(Chebyshev)多项式

$$
u_N(x) = (\sin[(N+1)\cos^{-1}(x)])/\sqrt{1-x^2}. \tag{2.11}
$$

因此,膜系的相位、群延迟和色散分别为

$$
\begin{cases}
\varphi = Arg\ [r], \\
\tau = -\dfrac{\mathrm{d}\varphi}{\mathrm{d}\omega} = \dfrac{\lambda^2}{2\pi c}\dfrac{\mathrm{d}\varphi}{\mathrm{d}\lambda}, \\
D = \dfrac{\mathrm{d}\tau}{\mathrm{d}\lambda} = \dfrac{\lambda}{\pi c}\dfrac{\mathrm{d}\varphi}{\mathrm{d}\lambda} + \dfrac{\lambda^2}{2\pi c}\dfrac{\mathrm{d}^2\varphi}{\mathrm{d}\lambda^2}.
\end{cases} \tag{2.12}
$$

2.3.2 多层介质反射系数的迭代式及其证明[61]

如图 2.3 所示,膜系由 n 层介质组成($n \geqslant 2$),多层介质反射系数的迭代式表示如下:

$$
R_n = \frac{E_n}{P_n} = \frac{E_{n-1} + P_{n-1}^* r_{n-1,\,n} \mathrm{e}^{\mathrm{i}(\delta_2 + \cdots + \delta_{n-1})}}{P_{n-1} + E_{n-1}^* r_{n-1,\,n} \mathrm{e}^{\mathrm{i}(\delta_2 + \cdots + \delta_{n-1})}}. \tag{2.13}
$$

图 2.3 膜系的膜层结构

下面用数学归纳法证明:

假定(2.13)式对于n层介质成立,证明它对$n+1$层介质也成立.把第n层介质展开为第n层和第$n+1$层介质,于是根据等效层理论,$r_{n-1,n}$可以替换为

$$r_{n-1,n} \Rightarrow \frac{r_{n-1,n}+r_{n,n+1}\mathrm{e}^{\mathrm{i}\delta_n}}{1+r_{n-1,n}r_{n,n+1}\mathrm{e}^{\mathrm{i}\delta_n}}, \tag{2.14}$$

把(2.14)代入(2.13)得到

$$\begin{cases} R_{n+1}=\dfrac{E_{n+1}}{P_{n+1}}=\dfrac{E_{n-1}+P_{n-1}^{*}\dfrac{r_{n-1,n}+r_{n,n+1}\mathrm{e}^{\mathrm{i}\delta_n}}{1+r_{n-1,n}r_{n,n+1}\mathrm{e}^{\mathrm{i}\delta_n}}\mathrm{e}^{\mathrm{i}(\delta_2+\cdots+\delta_{n-1})}}{P_{n-1}+E_{n-1}^{*}\dfrac{r_{n-1,n}+r_{n,n+1}\mathrm{e}^{\mathrm{i}\delta_n}}{1+r_{n-1,n}r_{n,n+1}\mathrm{e}^{\mathrm{i}\delta_n}}\mathrm{e}^{\mathrm{i}(\delta_2+\cdots+\delta_{n-1})}}= \\ \dfrac{(E_{n-1}+P_{n-1}^{*}r_{n-1,n}\mathrm{e}^{\mathrm{i}(\delta_2+\cdots+\delta_{n-1})})+(E_{n-1}r_{n-1,n}\mathrm{e}^{-\mathrm{i}(\delta_2+\cdots+\delta_{n-1})}+P_{n-1}^{*})}{(P_{n-1}+E_{n-1}^{*}r_{n-1,n}\mathrm{e}^{\mathrm{i}(\delta_2+\cdots+\delta_{n-1})})+(P_{n-1}r_{n-1,n}\mathrm{e}^{-\mathrm{i}(\delta_2+\cdots+\delta_{n-1})}+E_{n-1}^{*})}\times \\ \dfrac{r_{n,n+1}\mathrm{e}^{\mathrm{i}(\delta_2+\cdots+\delta_n)}}{r_{n,n+1}\mathrm{e}^{\mathrm{i}(\delta_2+\cdots+\delta_n)}}=\dfrac{E_n+P_n^{*}r_{n,n+1}\mathrm{e}^{\mathrm{i}(\delta_2+\cdots+\delta_n)}}{P_n+E_n^{*}r_{n,n+1}\mathrm{e}^{\mathrm{i}(\delta_2+\cdots+\delta_n)}}. \end{cases} \tag{2.15}$$

因此,公式(2.13)对$n+1$层介质也成立.式中$\delta_n=2\phi_n=2k_0n_nh_n\cos\theta_n$表示光波在膜层内往返一次的相移,参量定义与前面相同.$r_{n-1,n}$表示光波在第$n-1$层介质和第n层介质界面的反射系数.

下面验证公式(2.13)对$n=2$和3成立,对于2层介质组成的膜系($n=2$)

$$R_2=\frac{r_{12}}{1}=\frac{E_2}{P_2}, \tag{2.16}$$

对于3层介质组成的膜系($n=3$)

$$R_3=\frac{r_{12}+r_{23}\mathrm{e}^{\mathrm{i}\delta_2}}{1+r_{12}r_{23}\mathrm{e}^{\mathrm{i}\delta_2}}=\frac{E_3}{P_3}. \tag{2.17}$$

根据以上两步证明，得出结论：用公式(2.13)可以计算多层介质组成的膜系的反射系数．为了验证迭代式的有效性，图 2.4 给出利用(2.13)式计算一种薄膜滤光片的反射谱和群延迟谱的仿真结果，入射角改变，谱线发生偏移．膜系结构为：$A(LH)^8 8LH\ (LH)^{14} 6LH(LH)^{15} 4LH(LH)^{14} 6LH(LH)^6 S$.

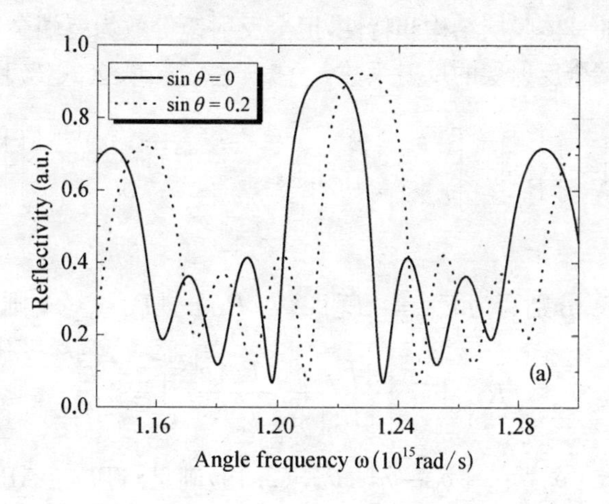

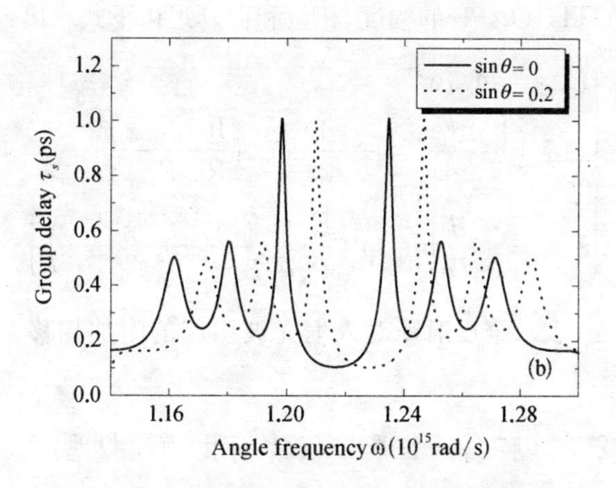

图 2.4　采用迭代式法计算的薄膜带通滤光片的反射谱和群延迟谱

2.4 薄膜干涉型光学全通滤波器

2.4.1 多层介质膜 GTI - OAPF

由多层介质膜组成的 GTI 是引入缺陷的一维光子晶体. 如果忽略全反射镜的具体膜层结构和特性,把全反射镜等效为终端全反射层,则光波在终端全反射层的反射系数 $r_{n,\,n+1}=-\mathrm{e}^{\mathrm{i}\delta_{n+1}}$,公式(2.15)简化为:

$$\begin{bmatrix}E_{n+1}\\P_{n+1}\end{bmatrix}=\begin{bmatrix}E_n\\P_n\end{bmatrix}+\begin{bmatrix}0 & r_{n,\,n+1}\mathrm{e}^{\mathrm{i}(\delta_2+\cdots+\delta_n)}\\ r_{n,\,n+1}\mathrm{e}^{\mathrm{i}(\delta_2+\cdots+\delta_n)} & 0\end{bmatrix}\begin{bmatrix}E_n^*\\P_n^*\end{bmatrix}, \tag{2.18}$$

把 E_n 和 P_n 分别写为 $E_n=|E_n|\mathrm{e}^{\mathrm{i}\theta_E}$, $P_n=|P_n|\mathrm{e}^{\mathrm{i}\theta_P}$,则:

$$|R_{n+1}|=\left|\frac{|E_n|+|P_n|\mathrm{e}^{\mathrm{i}\vartheta}}{|P_n|+|E_n|\mathrm{e}^{\mathrm{i}\vartheta}}\right|=1, \tag{2.19}$$

式中 $\vartheta=\pi+\delta_2+\cdots+\delta_n-\theta_E-\theta_P$,(2.19)满足 GTI - OAPF 的要求. 多层介质 GTI - OAPF 的幅度、相位和群延迟由下式求出:

$$\begin{cases}R_{n+1}=\rho_{n+1}\mathrm{e}^{\mathrm{i}\phi_{n+1}},\\ \tau_{n+1}=-\dfrac{\mathrm{d}\phi_{n+1}}{\mathrm{d}\omega}=-\dfrac{\mathrm{d}}{\mathrm{d}\omega}\tan^{-1}\left(\dfrac{\mathrm{Im}[R_{n+1}]}{\mathrm{Re}[R_{n+1}]}\right)\\ \quad=-\dfrac{d}{d\omega}\mathrm{Im}\left[\mathrm{In}\left(\dfrac{E_n+P_n^*\mathrm{e}^{\mathrm{i}(\delta_2+\cdots+\delta_n+\Delta\varphi)}}{P_n+E_n^*\mathrm{e}^{\mathrm{i}(\delta_2+\cdots+\delta_n+\Delta\varphi)}}\right)\right].\end{cases} \tag{2.20}$$

式中 $\Delta\varphi$ 表示全反射镜对入射光波引起的附加相移($\Delta\varphi=\pi+\delta_{n+1}$).

2.4.2 单腔 G - T 干涉仪的简化物理模型[58]

要研制适合 DWDM 光纤通信系统的多信道色散补偿 OAPF,多层介质膜 GTI - OAPF 显然不符合信道间隔的要求,因此,必须加大谐振腔的厚度或研制适合色散补偿的光学薄膜.

G－T 干涉仪是反射式 F－P 干涉仪，根据谐振腔的数目，又可细分为单腔 G－T 和多腔 G－T，前者由一个部分反射镜和一个全反射镜构成，后者则由多个部分反射镜和一个全反射镜构成. 与单腔 G－T 干涉仪相比，合理选择腔型结构和参数，多腔 G－T 干涉仪的色散特性的调节更灵活.

如图 2.5 所示，假定单腔 G－T 干涉仪的前腔镜 M_1 的幅度反射系数为 r，后腔镜的幅度反射系数等于 1，忽略腔镜的具体膜层结构和介质色散，光波在腔内的折射角为 θ，则 G－T 干涉仪的复反射系数

$$r_{\mathrm{eff}} = \rho \mathrm{e}^{\mathrm{i}\varphi} = \frac{r + \mathrm{e}^{-\mathrm{i}2\phi}}{1 + r\mathrm{e}^{-\mathrm{i}2\phi}}, \tag{2.21}$$

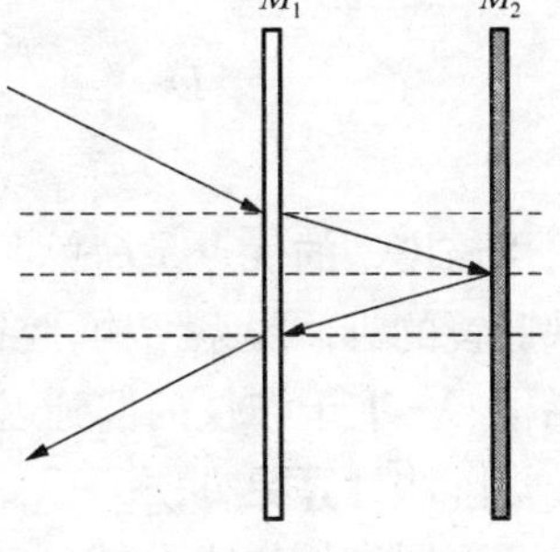

图 2.5　单腔 G－T 干涉仪的结构简图

式中 $\phi = k_0 nd\cos\theta$，ρ 和 φ 分别表示 G－T 干涉仪的复反射系数的幅角和相位，n、d 和 θ 分别表示 G－T 腔内介质的折射率、腔长和光波在腔中的折射角. 因此相位响应 φ，群延迟 τ 和群延迟色散 D 分别表示如下：

$$\varphi = -2\mathrm{tg}^{-1}\left(\frac{1-r}{1+r}\mathrm{tg}\,\phi\right), \tag{2.22}$$

$$\tau = -\frac{\mathrm{d}\varphi}{\mathrm{d}\omega} = \frac{1-r^2}{1+r^2+2r\cos 2\phi}\left(1-\frac{\lambda}{n}\frac{\mathrm{d}n(\lambda)}{\mathrm{d}\lambda}\right)\frac{\phi\lambda}{\pi c}, \tag{2.23}$$

$$D = \frac{\mathrm{d}\tau}{\mathrm{d}\lambda} = -\frac{2\mathrm{d}\cos\theta(1-r^2)}{c}\left[\frac{\lambda\dfrac{\mathrm{d}^2 n(\lambda)}{\mathrm{d}\lambda^2}}{1+r^2+2r\cos 2\phi} + \frac{4r\left(n(\lambda)-\lambda\dfrac{\mathrm{d}n(\lambda)}{\mathrm{d}\lambda}\right)\dfrac{\phi}{\lambda}\sin 2\phi}{(1+r^2+2r\cos 2\phi)^2}\right]. \tag{2.24}$$

忽略 G－T 腔中介质的色散(n 是常数)，则(2.23)式简化为

$$\tau = -\frac{\mathrm{d}\varphi}{\mathrm{d}\omega} = \frac{1-r^2}{1+r^2+2r\cos 2\phi}\frac{\phi\lambda}{\pi c}, \tag{2.25}$$

(2.24)式简化为

$$D = -\frac{\phi^2}{2\pi c}\frac{8r(1-r^2)\sin 2\phi}{(1+r^2+2r\cos 2\phi)^2}. \tag{2.26}$$

采用该模型的优点是简单明了，高阶色散计算误差小；缺点是不能反映腔镜的具体膜系结构、腔镜和衬底的介质色散等因素的影响. 多腔结构 G－T 干涉仪的群延迟 τ、色散 D 的解析式较复杂，因此，采用传输矩阵法计算更方便.

下面利用以上公式计算单腔 GTI 的群延迟和群延迟色散特性. 由图 2.6 可见，随着部分反射镜的反射系数 r 的增大，群延迟和群延迟色散增大，曲线变窄变陡. 经验表明：根据简化模型得到的以上解析公式适合对单腔 GTI 的概要设计.

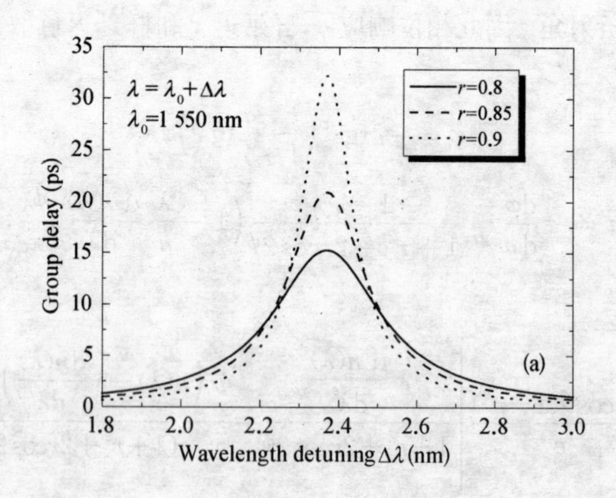

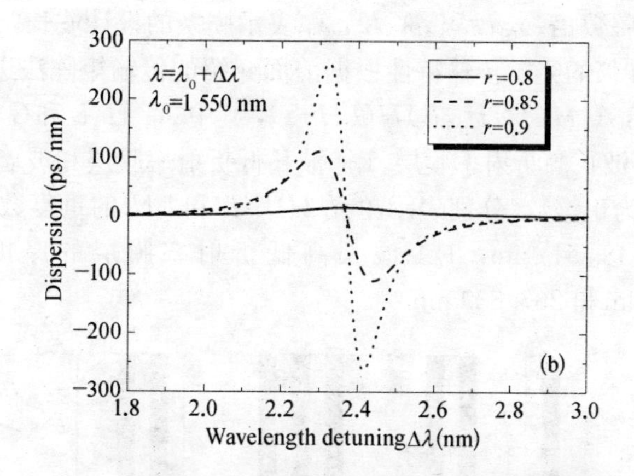

图 2.6　由单腔 GTI 的群延迟和群延迟色散的解析表达式得到的计算结果. 腔长 656*L*, *L* 代表低折射率膜层 SiO_2 的 1/4 波长膜层厚度(268 nm, 设计波长 1 550 nm)

2.4.3　单腔 G－T 干涉仪的特性分析

为了详细研究腔镜的膜系结构、材料色散等参量对单腔 GTI 的传输特性的影响,必须采用传输矩阵法或迭代式法. 下面以传输矩阵法为例,对单腔 GTI 的特性进行分析.

采用 $SiO_2(n_L)$和 $Ta_2O_5(n_H)$两种介质膜,材料色散的数据拟合公式:

$$\begin{cases} n_L = 1.44287 + 0.00612406/\lambda^2 - 0.000285437/\lambda^4, \\ n_H = 2.04841 + 0.0336441/\lambda^2 + 0.0000335685/\lambda^4. \end{cases} \tag{2.27}$$

如图 2.7 所示,G－T 干涉仪的反射镜由 1/4 波长膜系组成,膜系的一个周期单元为 *HL*、*LH* 等. *H* 和 *L* 分别代表 1/4 波长高折射率膜层和 1/4 波长低折射率膜层,第 i 层膜的膜厚和折射率分别用 h_i 和 n_i 表示,$n_i h_i = \lambda_0/4 = \pi/2$. G－T 干涉仪的腔长用 d_i 表示,其光程是半波长的整数倍，$n_i d_i = q\lambda_0/2$，λ_0 表示膜系的设计波长，q 是整数. G－T干涉仪的光学传输特性根据前面介绍的传输矩阵法进行计算. 膜层结构：$A(HL)^m H(xL)H(LH)^n G$，其中 A、H、L 和 G 分别代表空气、1/4 波长高折射率膜层、1/4 波长低折射率膜层和玻璃衬底，m、n 和 x 均为正整数，分别表示单元 HL、L 和 LH 的重复数. 设计波长为 1 548.51 nm，1/4 波长高低折射率膜层的厚度分别为 187.703 nm和 267.839 nm.

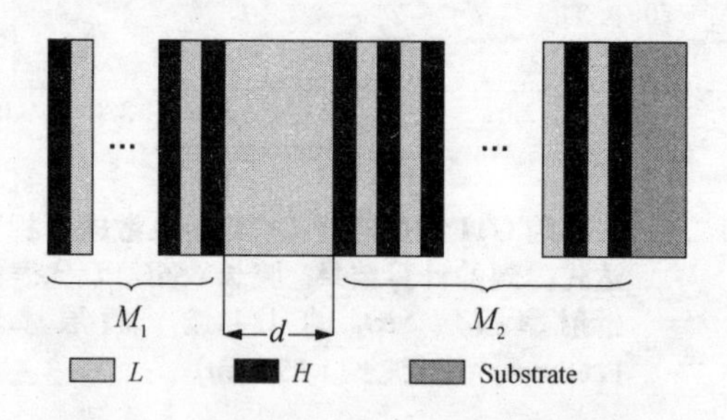

图 2.7　单腔 G－T 干涉仪的具体膜层结构

2.4.3.1　反射镜的膜层结构对 G－T 干涉仪的功率反射谱和群延迟谱的影响

光波垂直入射，G－T 干涉仪的反射谱与群延迟谱随结构参量的变化如图 2.8 所示. 当 $n = 14$，$m = (2, 3, 4)$，$x = 3874$ 时，随着 m

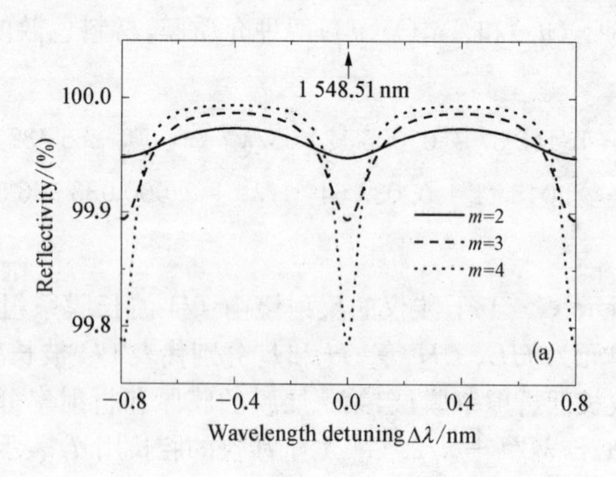

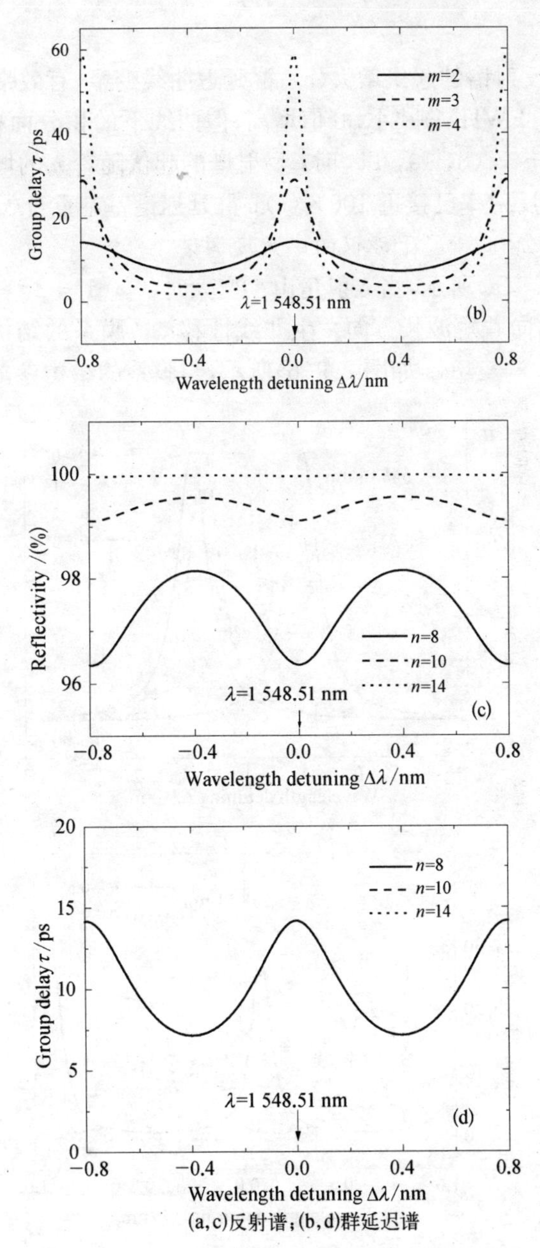

(a, c)反射谱；(b, d)群延迟谱

图 2.8　G－T 干涉仪的膜系结构对其特性的影响

由小变大，反射谱的起伏增大(a)；群延迟曲线变窄，有效带宽(一般采用半高全宽 FWHM)减小，峰值增高，但曲线下的积分面积不变(b). 当 $m=2$，$n=(8, 10, 14)$ 时，反射谱的起伏随着 n 的增大而变小，$n=14$ 时，反射率已接近 100%(c)；群延迟谱基本重合(d).

2.4.3.2 G-T 干涉仪的小角度调谐

如图 2.9(a)所示，当入射角由小变大时(0°→1°→2°→3°)，TE 波的群延迟谱向着短波长方向发生非线性移动. 膜系的结构参量 $m=5$，$n=14$，$x=484$. 如图 2.9(b)所示，当膜系的结构参量为 $m=4$，

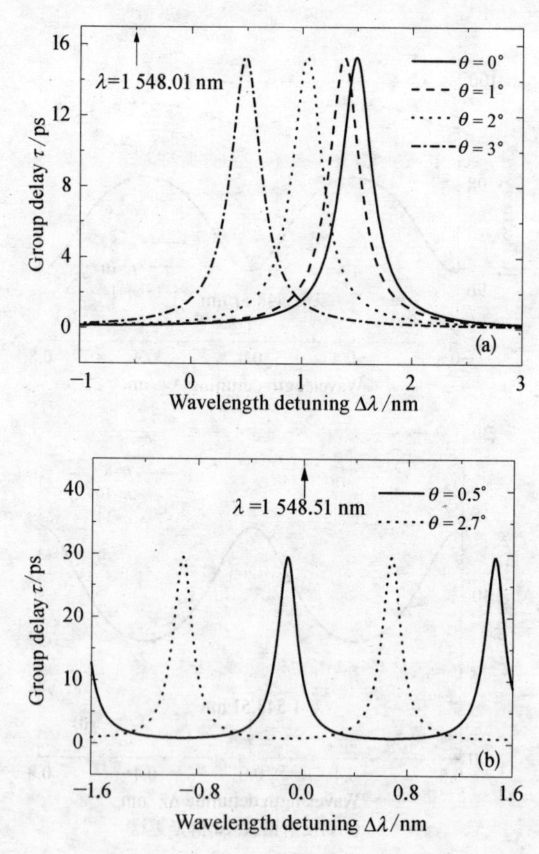

图 2.9 单腔 G-T 干涉仪的群延迟谱的小角度调谐

$n = 14$, $x = 1\,936$ 时,单腔 GTI－OAPF 的群延迟谱(TE 波). 它适合对信道间隔为 200 GHz 的 DWDM 信号进行角度调谐多信道色散补偿. 群延迟峰的下降沿的斜率(即色散 D)达到 200 ps/nm,但有效补偿带宽较小(约 0.1 nm).

2.4.3.3　大角度入射对 GTI－OAPF 的反射谱和群延迟特性的影响

如图 2.10 所示,斜入射时 TE 波与 TM 波的反射谱和群延迟谱不同,称为偏振分离现象. 随着入射角的增大,反射谱的抖动幅度增

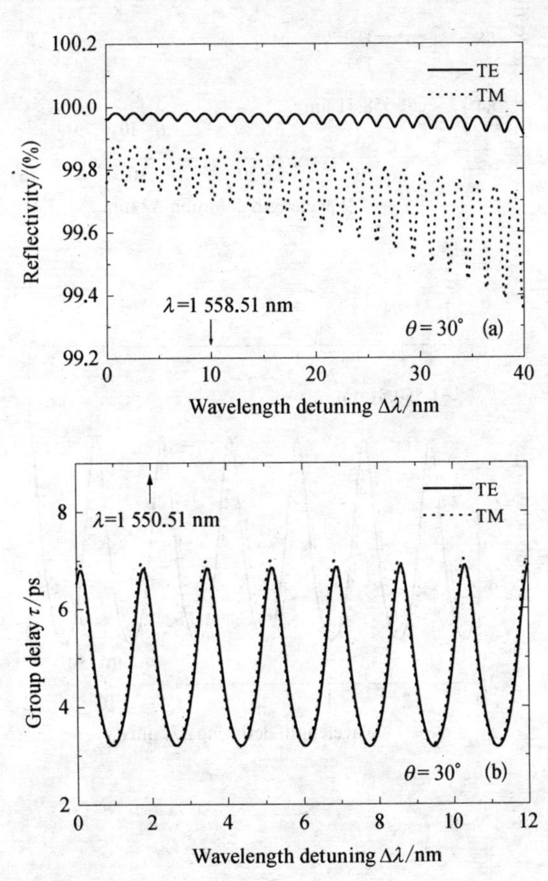

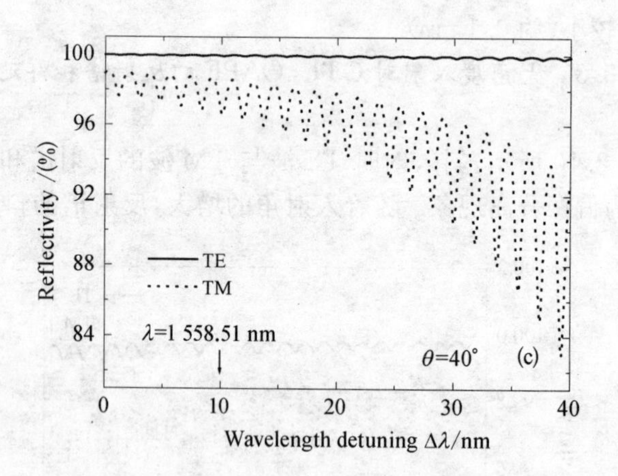
100
96
92
88
84
Reflectivity /(%)
TE
TM
λ=1 558.51 nm
θ=40°
(c)
0
10
20
30
40
Wavelength detuning Δλ/nm

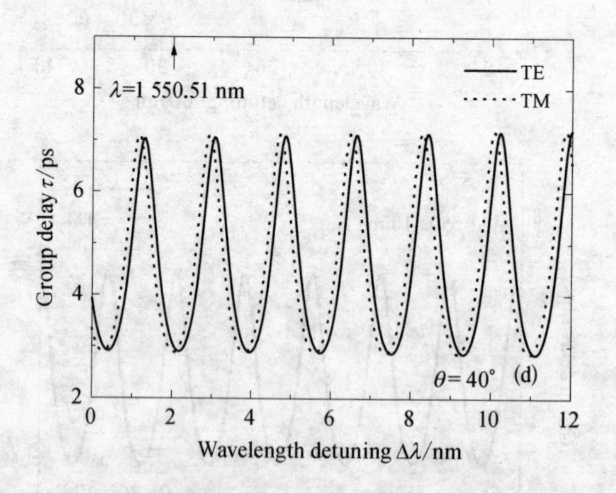
8
6
4
2
Group delay τ/ps
λ=1 550.51 nm
TE
TM
θ= 40°
(d)
0
2
4
6
8
10
12
Wavelength detuning Δλ/nm

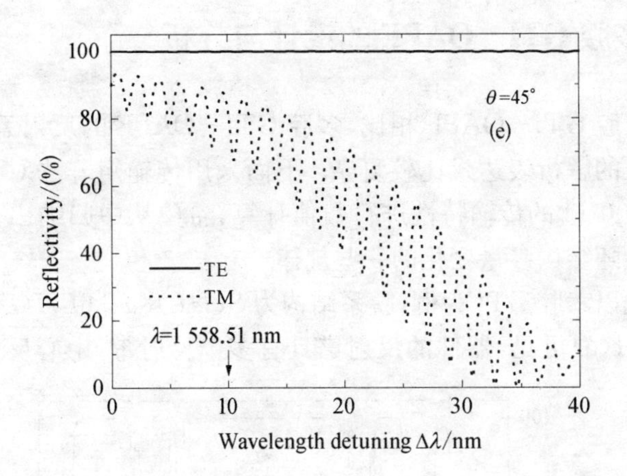

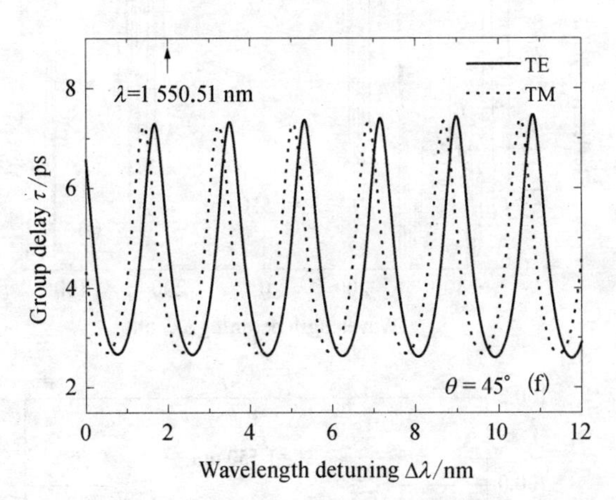

图 2.10 大角度入射 GTI 引起的 TE 和 TM 光波的偏振分离现象

大,尤其是 TM 波,这与文献[100]中根据菲涅尔公式对单层介质中 TE、TM 波透射率的计算结果一致. 接近全反射临界角时,TM 波的反射谱的起伏剧增,而其透射谱的变化不大. 图 2.10(a)和(b),(c)和(d),(e)和(f)三组曲线分别对应入射角 θ 等于 30°、40°和 45°,膜系的结构参量 $m=2$, $n=14$, $x=1\,936$.

2.5 多腔 GTI - OAPF 的设计与分析

与单腔 GTI - OAPF 相比，多腔 GTI - OAPF 的反射系数、群延迟和色散的解析表达式比较复杂. 下面采用传输矩阵法对几种典型结构多腔 GTI 的传输特性进行数值计算，希望从中归纳出多腔 GTI 传输特性随结构参量变化的一些规律.

首先以六腔 GTI 为例，膜系结构为 $S(HL)^{14}H[6LH(LH)^{5}]^{6}A$，由图 2.11(a)可见，器件的反射谱具有多个反射带，中心反射带较宽

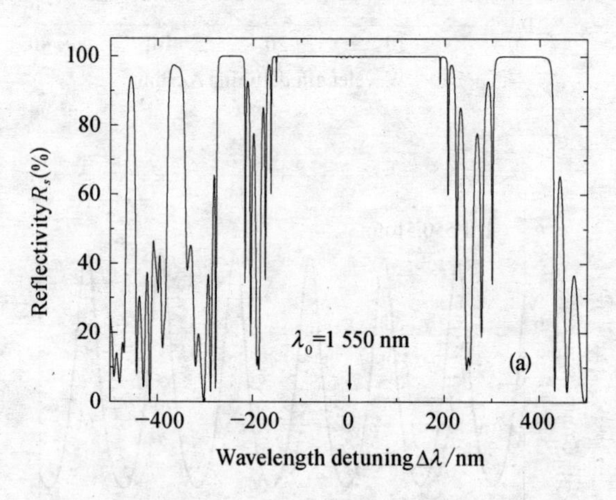

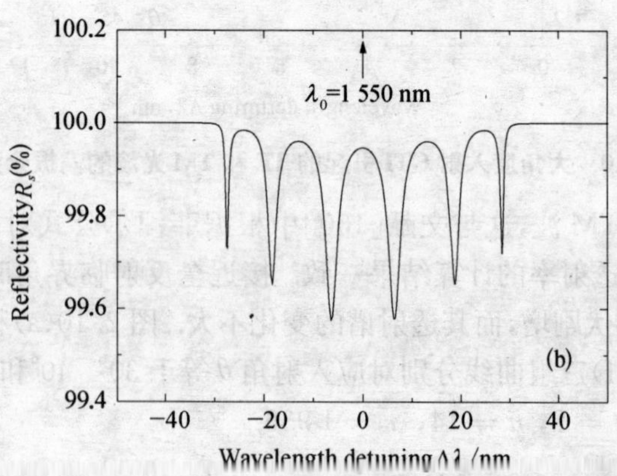

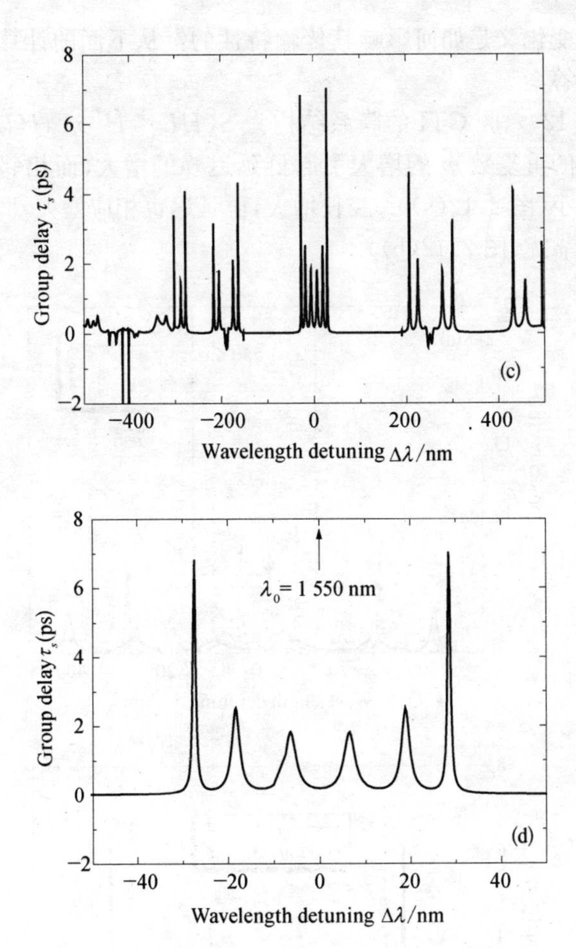

图 2. 11　膜系结构为 $S(HL)^{14}H[6LH(LH)^5]^6A$ 的 6 腔 GTI 的反射谱与群延迟

(约 400 nm)，事实上，因受膜层损耗、粗糙度等许多因素的影响，实际研制的反射镜的反射带宽和反射率会显著降低. 由图 2. 11(b)可知，在反射带的中心存在起伏较小的纹波，在其相应的群延迟谱中存在六个幅度和带宽不同的峰(c，d)，基本符合全通滤波器的要求，可用于色散补偿器和光延迟线等光子器件的设计. 那么，多腔 GTI 的结构参量的变化又是如何影响其传输特性的？从下面的计算结果可以找到一些答案.

图 2.12，六腔 GTI 的膜系结构为 $S(HL)^{14}H[xLH(LH)^{m}]^{6}A$. 膜层单元的重复数 m 的增大引起群延迟峰的增大，而相邻群延迟峰的间距减小(图 2.12(a)). 腔长增大，群延迟也相应增大，群延迟峰同样向中心靠拢(图 2.12(b)).

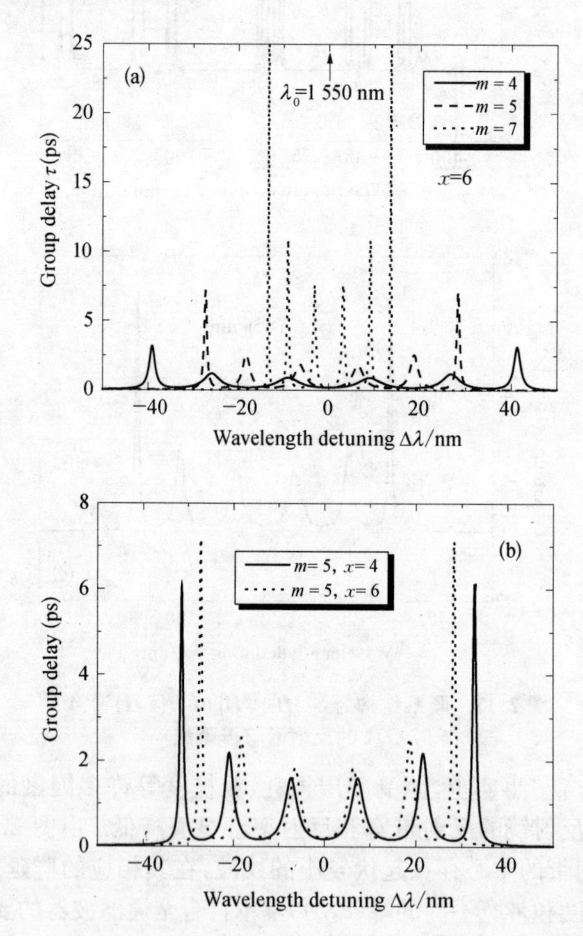

图 2.12　六腔 GTI 的群延迟谱，膜系结构 $S(HL)^{14}H[xLH(LH)^{m}]^{6}A$

图 2.13 中分别以双腔和三腔膜系结构为一个基本单元，通过改变单元重复数，得到(2, 4, 6)腔和(3, 6, 9)腔 GTI，整个器件的膜系结构为 $S(HL)^{14}H(\prod_{i=1}^{n}[(x_iL)H(LH)^5])^mA$.

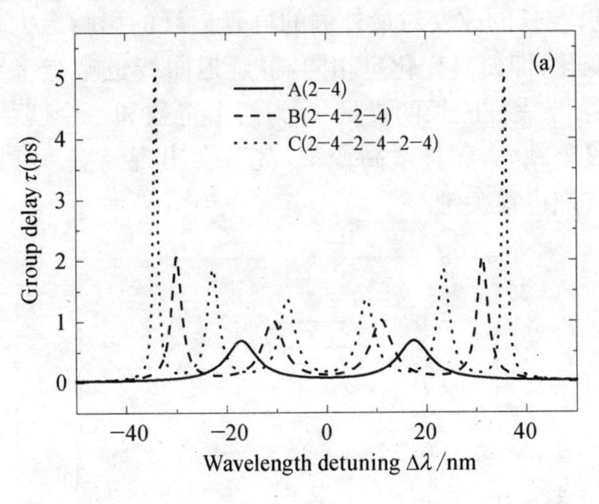

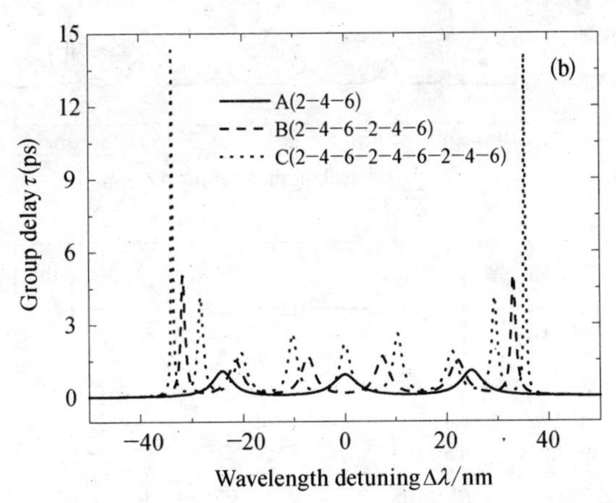

图 2.13　结构不同的多腔 GTI 的群延迟特性，膜系结构 $S(HL)^{14}H(\prod_{i=1}^{n}[(x_iL)H(LH)^5])^mA$，$m=1, 2, 3$. (a) $n=2$，(b) $n=3$

图 2.14 是一种特殊腔型 GTI 的计算结果，膜系结构为 $S(HL)^{14}H\prod_{i=1}^{3}[x_iLH(LH)^5]^2A$，相邻两个腔的膜系结构相同，以此为一个重复单元，改变重复数和腔长得到一组群延迟曲线. 由图 2.14(a, c)可见，腔长的改变对最外侧的群延迟峰的影响最大，而且，不同腔的腔长变化，即便是变化量相同，群延迟曲线也略有差异. 图 2.14(d)则说明：当表征腔长的参量 x_i 为两个奇数和一个偶数的组合时，群延迟峰显著减少，而且增高变窄，甚至会出现畸变. 可见腔长的选择与合理搭配也很关键.

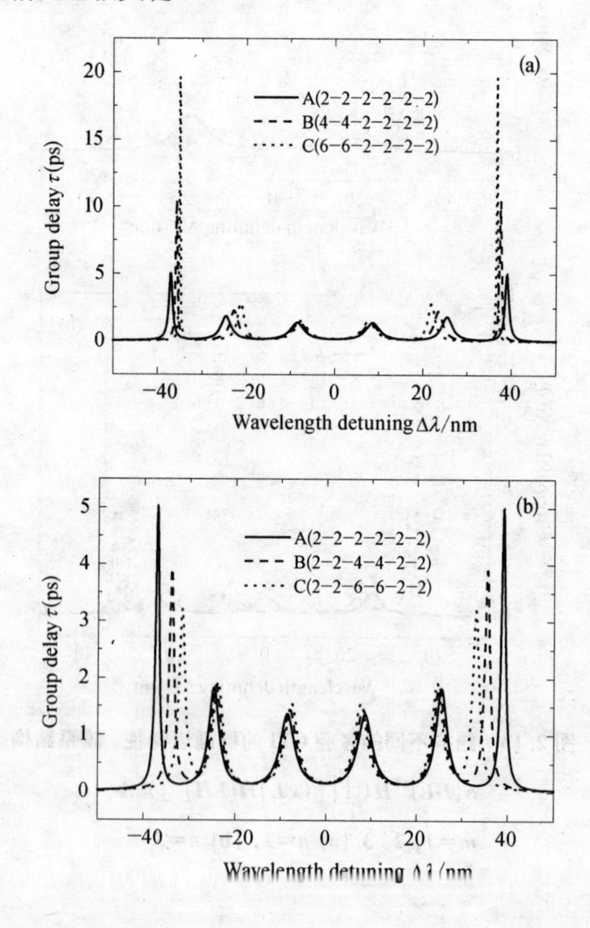

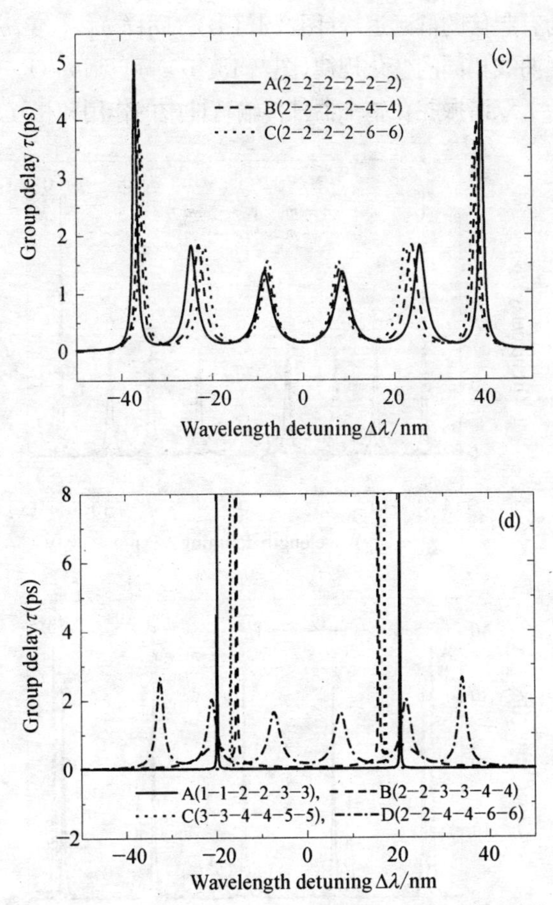

图 2.14 结构不同的六腔 GTI 的群延迟谱，膜系结构

$$S(HL)^{14}H\prod_{i=1}^{3}[x_iLH(LH)^5]^2A$$

为了验证 C. K. Madsen 和 Jablonski 关于双腔 GTI 在色散补偿方面的实验研究，下面通过理论计算得到一些有参考价值的结果.

$S(HL)^{14}H484LH(LH)^{m_1}4LH(LH)^{m_2}A$ 是双腔 GTI 的膜系结构，改变单元 LH 的重复数得到如图 2.15 所示的一组曲线，$m_1=5$，m_2 取值分别为(1，3，5，7)时，谐振腔 $4L$ 的影响逐渐增大，曲线由趋于相同的周期性脉动变为有起伏的群延迟峰(图 2.15(a)). 同样 m_2 不变,m_1 的变化也引起群延迟曲线相同的变化规律(图 2.15(b)). 可见,$m_i(i=1, 2)$ 取值的变化决定了双谐振腔在整个器件传输特性中的作用和相互影响.

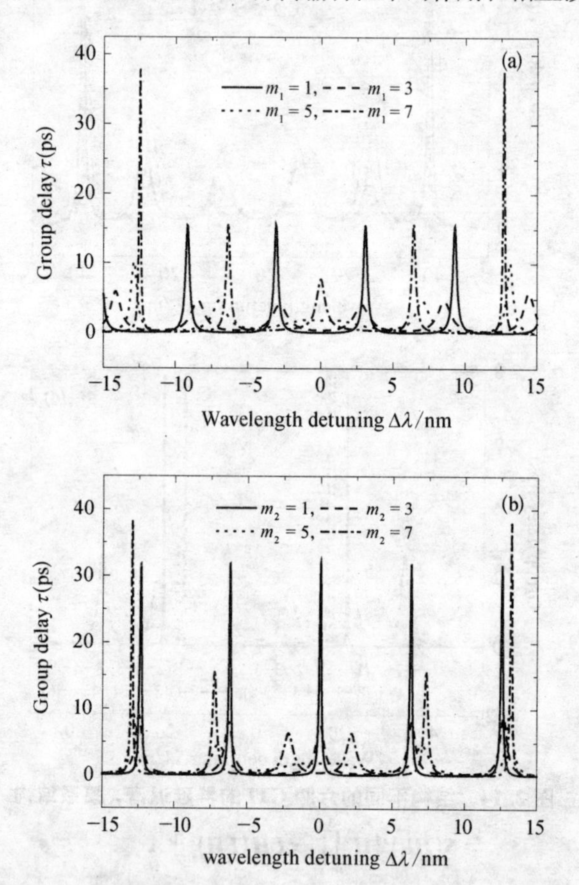

图 2.15 双腔 GTI 的群延迟谱随参量 m_i 的变化,膜系结构 $S(HL)^{14}H484LH(LH)^{m_1}4LH(LH)^{m_2}A$, (a) $m_2=5$; (b) $m_1=5$

当 m_1 和 m_2 的取值都是 5 时,膜系结构为 $S(HL)^{14}H484LH(LH)^5(xL)H(LH)^5A$. 其中,主谐振腔的腔长 $484L$,与之相应的自

由谱范围 FSR 等于 6.4 nm. 改变次谐振腔的腔长 xL，如图(2.16)所示，随着腔长的增加，群延迟峰增高变窄，而且上升沿和下降沿也是非对称的，远离中心波长的群延迟峰的变化更加明显. 由此可见，采用双腔 GTI 便于调节群延迟谱的形状，而不必采用单腔 GTI 的串接结构，从而减小了插入损耗和群延迟色散曲线的畸变.

如果用空气隙替代低折射率膜层充当调谐腔，膜系结构与图2.16基本相同，$S(HL)^{14}H(484L)H(LH)^{m_1}(xA)H(LH)^{m_2}A$，当空

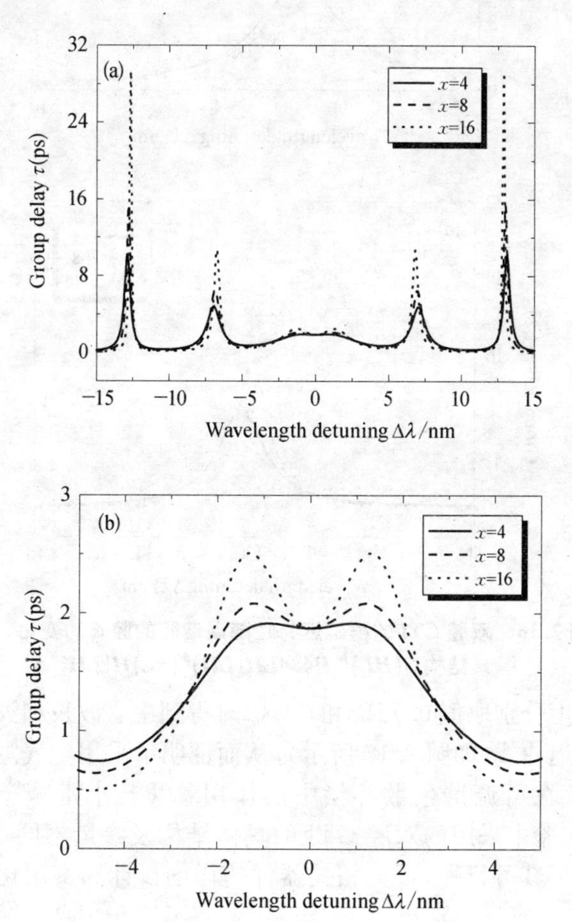

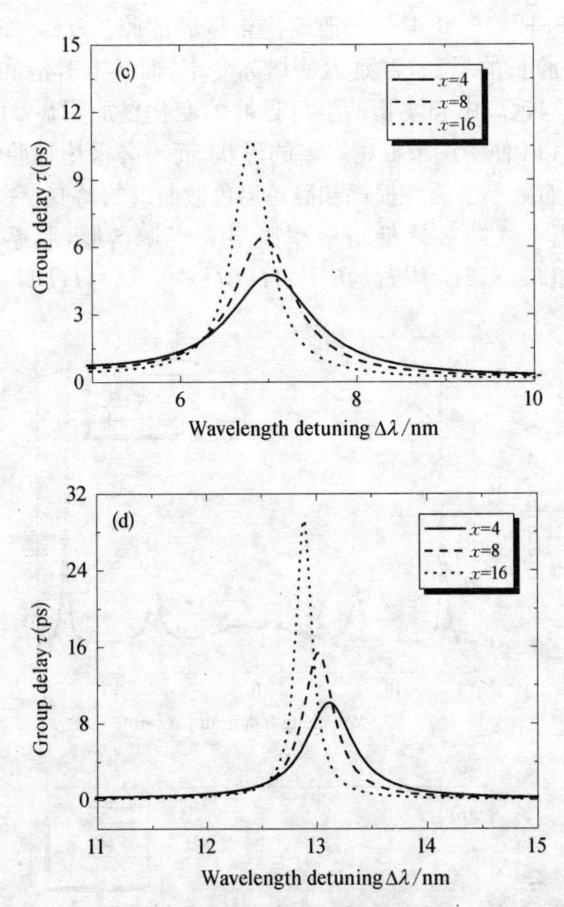

图 2.16 双腔 GTI 的群延迟特性随调谐腔的腔长的变化，膜系结构 $S(HL)^{14}H484LH(LH)^{5}(xL)H(LH)^{5}A$

气系的长度分别取值 $0.75\lambda_0$ 和 $0.5\lambda_0$ 时得到中心波长和大小不同的两组群延迟曲线(如图 2.17 所示),从而证明了采用空气隙调谐腔的双腔 GTI 在可调谐色散补偿中的作用. 以上计算尽管与 C. K. Madsen 实验中采用的双腔 GTI 的具体结构及参量不同[29],但从理论上证明了其可行性,可为相关器件的详细设计和实用化设计提供一些参考.

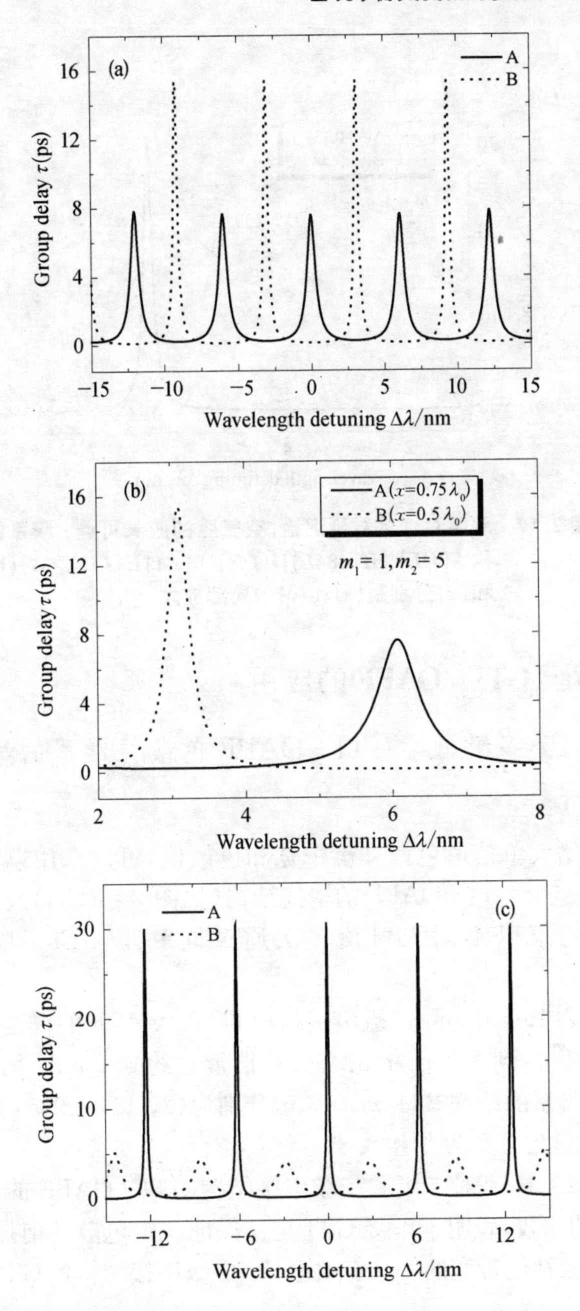
(a)
A
B
16
12
8
4
0
Group delay τ(ps)
−15
−10
−5
0
5
10
15
Wavelength detuning Δλ/nm
(b)
A(x=0.75 λ0)
B(x=0.5 λ0)
m1=1, m2=5
16
12
8
4
0
Group delay τ(ps)
2
4
6
8
Wavelength detuning Δλ/nm
(c)
A
B
30
20
10
0
Group delay τ(ps)
−12
−6
0
6
12
Wavelength detuning Δλ/nm

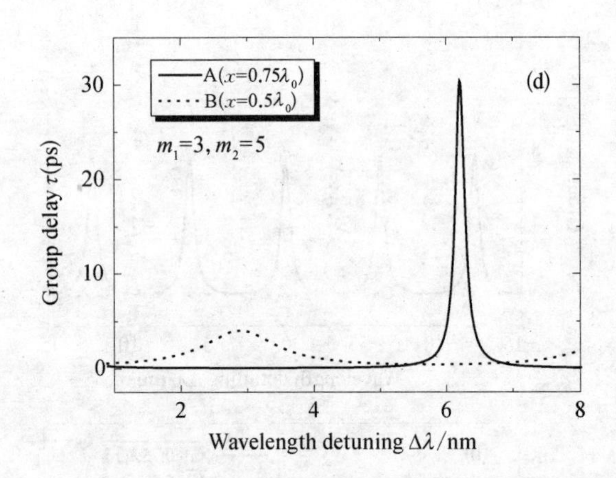

图 2.17　双腔 GTI 的群延迟谱，空气腔的腔长可调，膜系结构 $S(HL)^{14}H(484L)H(LH)^{m_1}(xA)H(LH)^{m_2}A$，(b)和(d)分别是(a)和(c)的局部放大

2.6　薄膜 GTI－OAPF 的应用

2.6.1　多级串接 GTI－OAPF 色散补偿器的结构与数字设计

为了增大单信道色散补偿带宽和色散值，可以采用以下两个方案[32, 38]：多个 GTI－OAPF 的串接结构(如图 2.18(b))或借助全反射镜，让光束以不同入射角多次通过同一个 GTI－OAPF(如图2.18(a)).

如图 2.19(a)所示，二级串接结构 GTI－OAPF 的群延迟谱(TE 波)，色散 D 达到 350 ps/nm，有效补偿带宽约 0.2 nm. 两个 GTI－OAPF 的膜系的结构参量(m, n, x)分别为(2, 14, 1 936)和(3, 14, 1 936)，入射角分别为 0°和 0.8°.

图 2.19(b)是对二级和三级串接结构 GTI－OAPF 的群延迟谱(TE 波)的比较，表明了串接 GTI 是在保证一定色散的前提下，增加单信道色散补偿带宽的一个有效途径. 三级串接结构各 GTI－OAPF

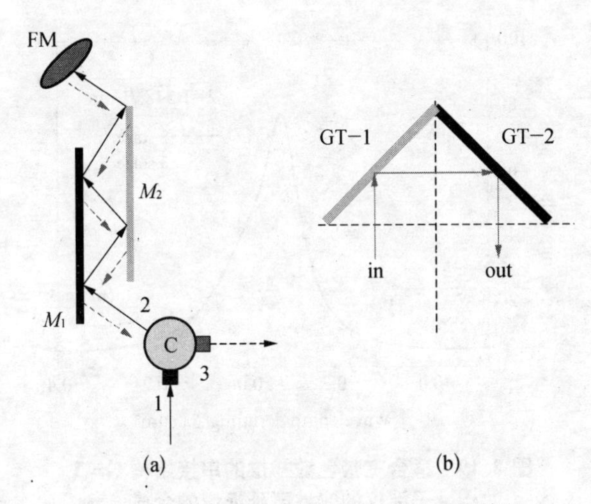

图 2.18　多级 GTI－OAPF 串接的结构简图

的膜系结构参量(m, n, x)分别为(2，14，1 936)、(3，14，1 936)和(4，14，1 936)，入射角分别为 0°、1° 和 1.2°. 如果限定各 GTI－OAPF 均为垂直入射，通过调节 GTI－OAPF 膜系的设计波长，可以达到同样目的.

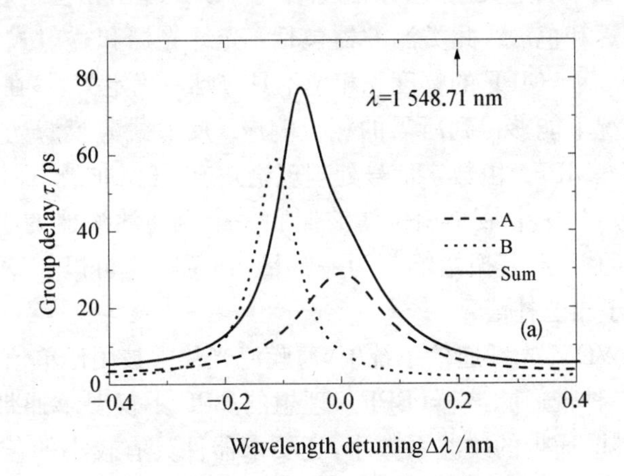

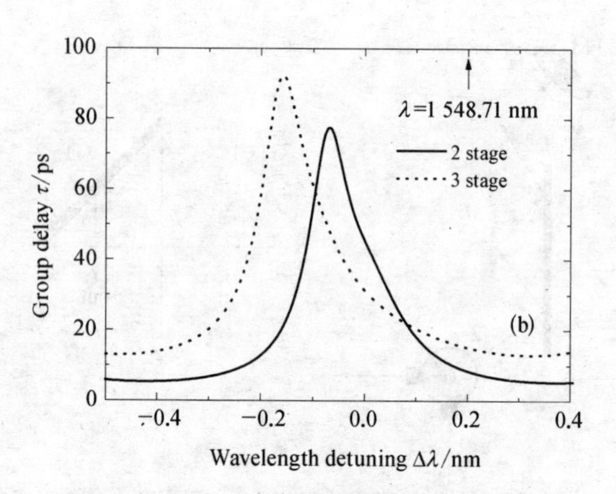

图 2.19 适合宽带色散补偿的串接结构 G-T 干涉仪的线性群延迟谱的合成

2.6.2 薄膜滤光片的色散补偿的必要性[101, 102]

根据幅度响应和相位响应，光学滤波器可划分为最小相位滤波器(MPF)和非最小相位滤波器(N-MPF). MPF 的幅度响应与相位响应具有唯一确定关系，已知幅度响应可以计算出相位响应，进而计算出群延迟和色散. 此类滤波器包括：光纤光栅和透射式薄膜光学滤光片等. N-MPF 的幅度和相位不具有唯一确定关系，在保证幅度不变的情况下能够得到所需的相位响应. 反射式薄膜滤光片是一种典型的 N-MPF. 由数字信号处理理论知道，任何非最小相位滤波器都可以表示为一个最小相位滤波器和一个全通滤波器的组合(它是 N-MPF 的极端，其振幅响应为一常量，相位响应可以任意变化. 因此，常用于相位补偿).

在 DWDM 光纤通信系统中，薄膜滤光片常被用作单信道解复用器，它是一种带通滤波器(BPF)，理想的 BPF 不仅要求通带平坦、过渡带窄而陡、通带的纹波系数小，还要求器件具有较小的色散. 由于薄膜滤光片是一种最小相位滤波器，幅度响应和相位响应满足

Kramer - Kronig 关系，矩形包络滤波器往往具有较大的相位畸变，滤波器通带的群延迟色散较大，光脉冲信号通过滤波器，与输入信号相比，输出信号不同频率分量的群延迟不同，因此信号的波形会展宽、失真. 决定数字信号质量的参量是比特周期，根据贝尔实验室的实践，两个信号间 0.1 个位周期的变化是可以接受的. 对于 10 Gbit/s 的系统，通带的群延迟抖动应该小于 10 皮秒；而 40 Gbit/s 的系统，群延迟抖动应该小于 2.5 皮秒.

下面对通带平坦型窄带薄膜滤光片的功率传输谱和通带内的色散特性进行分析，膜系结构为：

$$A1.2713L0.3968HL(HL)^{6}6HL(HL)^{15}8HL(HL)^{19}$$

$$4HL(HL)^{19}8HL(HL)^{15}6HL(HL)^{6}G.$$

利用传输矩阵法的计算结果：透射谱(图 2.20，(b)是(a)的局部放大)和群延迟谱(图 2.21). 由图 2.21 可知：大的群延迟色散出现在通带和截止带边缘(振幅剧烈变化处)；功率谱中通带的纹波与群延迟谱中群延迟色散的变化是一致的，表明透射型薄膜滤光片符合最小相位滤波器的特点. 可见，滤光片通带内色散的补偿是必需的.

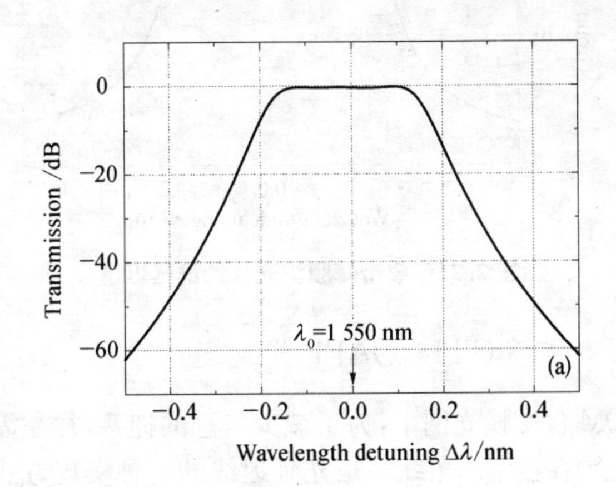

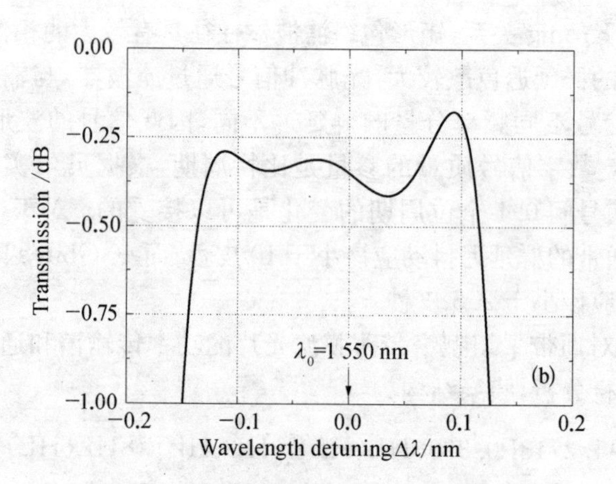

图 2.20　窄带薄膜滤光片的透射谱(a)和通带内纹波的局部放大(b)

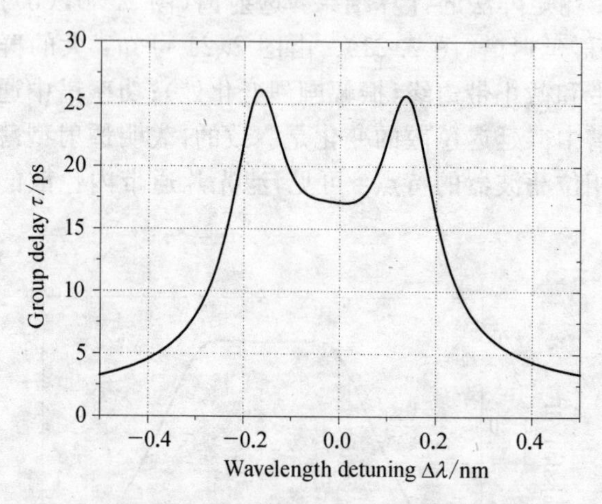

图 2.21　窄带薄膜滤光片的群延迟谱

2.6.3　薄膜 GTI－OAPF 光延迟线

在 WDM 包交换光网中,为了减少信息的拥塞,往往需要采用波长变换与光缓存技术. 光纤环是光延迟线的一种实现方式,此外,还有光纤光栅延迟线等. 下面采用薄膜 GTI - OAPF 构造了几种光延迟线.

图 2.22 和图 2.23 都是采用单腔 GTI 的简化模型计算的,前者为平顶光延迟线, 后者为上升沿呈线性变化的光延迟线. 图 2.23 中

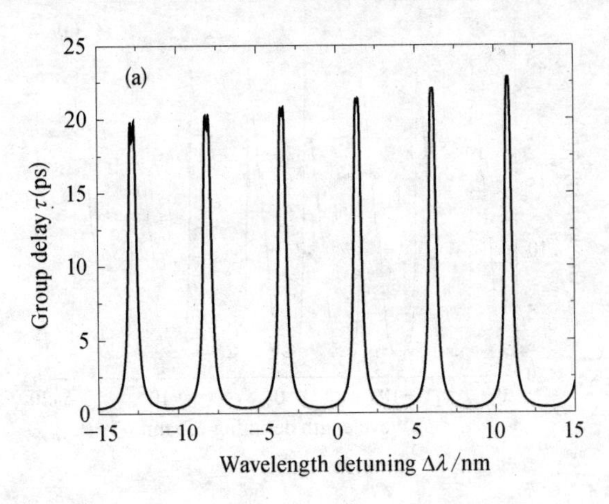

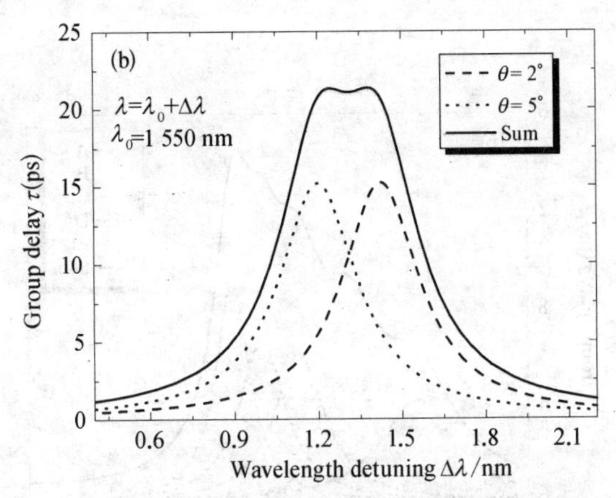

图 2.22 由两个相同的单腔 GTI 构成的光延迟线. 入射角不同,低折射滤介质构成谐振腔 656 L, 反射率 $r=0.8$

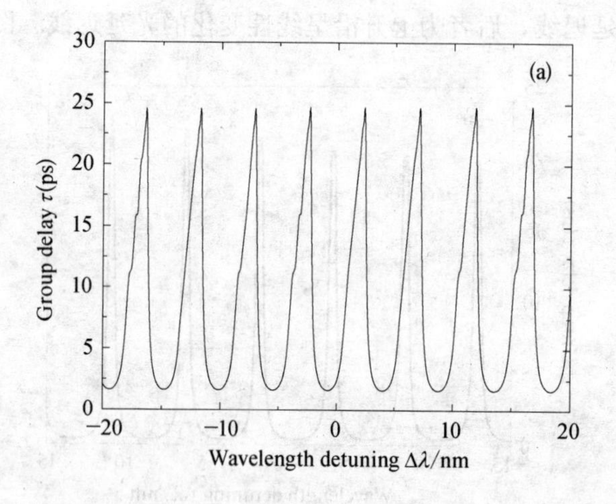
(a)
Group delay τ(ps)
Wavelength detuning Δλ/nm
30
25
20
15
10
5
0
−20
−10
0
10
20

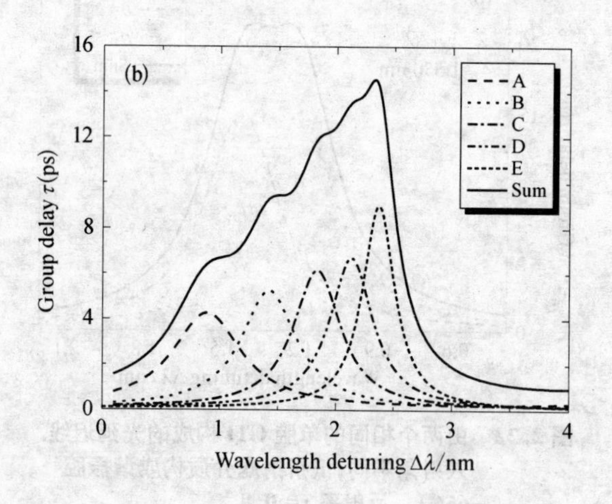
(b)
A
B
C
D
E
Sum
Group delay τ(ps)
Wavelength detuning Δλ/nm
16
12
8
4
0
0
1
2
3
4

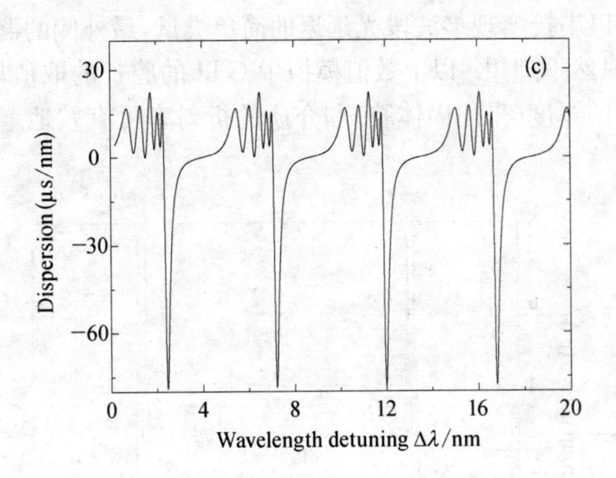

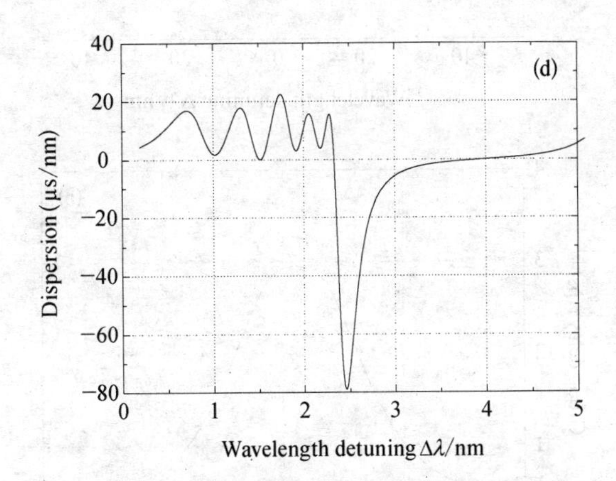

图 2.23　由 5 个单腔 GTI 构成的光延迟线. 各 GTI 的部分反射镜的反射率和光波的入射角不同分别为: $A(r_1=0.62,\ \theta_1=2.5°)$, $B(r_2=0.68,\ \theta_2=2°)$, $C(r_3=0.72,\ \theta_3=1.5°)$, $D(r_4=0.74,\ \theta_4=1°)$, $E(r_5=0.8,\ \theta_5=0°)$

较大的色散抖动说明：需要对组合 GTI 的结构参量和入射角度进行优化；串接结构GTI型光延迟线具有缝合误差大的缺点. 图 2.24 则是多腔GTI串接实现多波段光延迟的简单尝试，最外侧的群延迟峰出现分岔，显然不理想. 以上数值模拟中 GTI 的腔长的取值均较小，增大谐振腔的厚度（采用固体腔）和介质的折射率可有效地增大器件的群延迟.

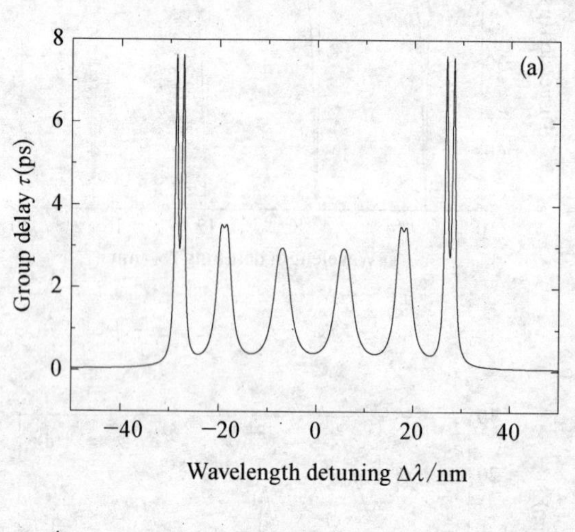

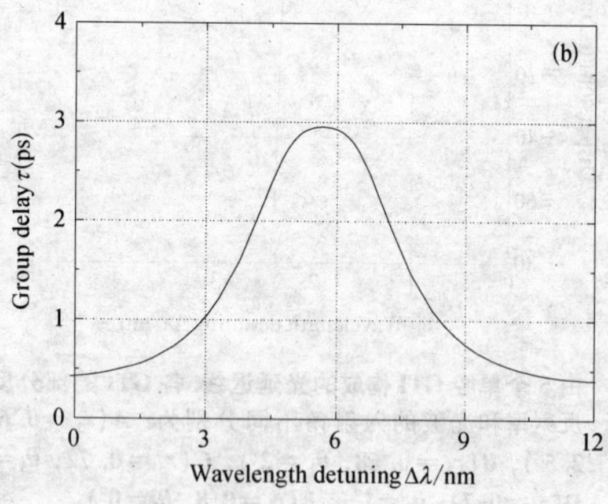

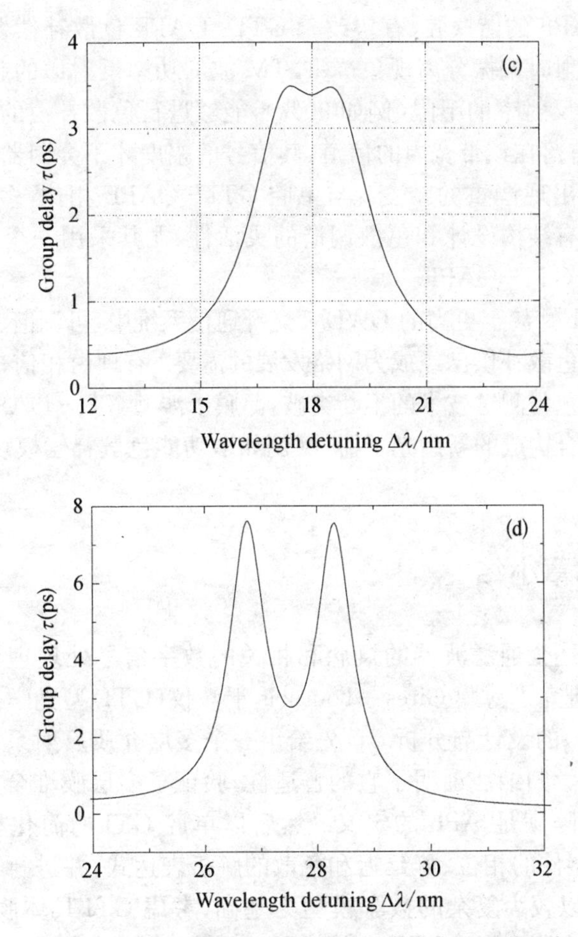

图 2.24　由 2 个相同的六腔 GTI 构成的光延迟线，光波的入射角不同 $\theta=(0^\circ, 4^\circ)$，膜系结构：$S(HL)^{14}H[6LH(LH)^5]^6A$

综合以上分析，得出以下结论：GTI-OAPF 作为一种反射式光学滤波器，不仅可以用作光延迟线，而且适合多信道群延迟和高阶色散补偿，具有小角度调谐的灵活性. 与啁啾光纤光栅相比，GTI-OAPF 的缺点是色散补偿量有限，若能用性能优异的透明介质作

GTI-OAPF的谐振腔，有望改善GTI-OAPF色散补偿器的性能.大角度入射时偏振分离现象严重，TM波的功率反射谱的起伏较大.如果设定反射率的下限(例如90%)，能够进行色散补偿的波长带宽减小，只有落在该带宽内的信道，其信号的幅度才不会因器件反射谱的抖动而出现严重的畸变. 与单腔GTI-OAPF相比，多腔GTI-OAPF具有结构设计和色散调谐的灵活性，尤其采用一个空气调谐腔的双腔GTI-OAPF.

40 Gb/s甚至更高的DWDM光纤通信系统中，可调谐、多信道色散和高阶色散补偿已经成为网络发展的需要. 有理由相信，随着薄膜的研制工艺与测试技术的不断突破，薄膜干涉型GTI-OAPF与其他技术相结合构成的新型光子器件(例如多功能色散补偿模块)将成为现实.

2.7 本章小结

在简述全通滤波器的概念和相关的数字信号处理理论的基础上，重点研究了薄膜Gires-Tournois干涉仪(GTI)型光学全通滤波器(OAPF)的设计与分析. 首先给出一个多层介质反射系数的迭代式并用数学归纳法证明了它的普适性，验证了多层膜堆合成的GTI的传输矩阵满足APF的定义. 然后以单腔GTI的简化模型为基础，导出器件的相位、群延迟和色散的解析表达式，并进行了数字设计. 最后以较为复杂的数学模型为基础(考虑GTI具体膜层结构、腔内介质色散，入射角等因素)，利用传输矩阵法详细研究了薄膜GTI的传输特性(包括幅度和群延迟色散，研究了小角度调谐和大角度入射引起的偏振分离现象)并且采用多个GTI串接结构设计了适合多信道色散补偿的薄膜GTI-OAPF，重点分析了色散补偿带宽的展宽和线性化. 此外，还设计与分析了几种典型结构多腔GTI-OAPF.

接下来的研究工作将集中在以下几个方面：光纤光栅GTI(包括

全光纤结构和薄膜光纤复合结构);薄膜的超棱镜效应(super prism effect);多功能薄膜光学滤波器(例如具有色散补偿功能的粗波分复用器);光学全通滤波器的其他应用和相关实验技术.

第三章　波长交错滤波器

引言

波长交错滤波器(Interleaver)是一种幅度型梳状滤波器，它是采用不同信道间隔协议的 DWDM 光网或同一网络不同组成部分之间的枢纽，是一种接口器件[63, 64]. 作为一种新型光子器件，其基本作用是把均匀分布的 DWDM 信号分为两组，实现群组波长信号的解复用或灵活路由. 目前，Interleaver 的实现方式有以下几种: 偏振干涉型(双折射晶体或保偏光纤)[74, 75, 78]，取样光纤光栅[86]，平面波导 Mach - Zehnder干涉仪(MZI)的串接结构[67, 79, 83]，嵌入光学全通滤波器的干涉仪[60, 71]，薄膜 F - P 滤光片等[89].

本章研究内容包括三部分: 多功能双环谐振光学梳状滤波器，无限冲击响应型(IIR)波长交错滤波器，基于多端口光纤耦合器的多功能组合滤波模块. 它们在结构上都灵活地引入了 3×3 光纤耦合器.

与多功能光纤光栅一样[103, 104]，有源双环谐振器是多功能滤波器的一种实现方式[105, 106]. 改变双环谐振器的物理参量，不仅能够实现多信道带通和多信道带阻滤波功能的转换，还具有信号放大作用. 此外，利用游标效应(Vernier effect)能够有效增大器件的自由谱范围(FSR).

由薄膜 GTI - OAPF 和光纤 MZI 组合成的 IIR Interleaver 是类似器件的结构改进[60]. 采用多端口光纤耦合器的作用: 便于对研制过程的在线监测，器件功能也会得到增强. 用薄膜 GTI - OAPF 替代光纤环，器件的适用范围由频分复用(FDM)光网转变为波分复用(WDM)光网，这是由光纤环的尺度决定的. 光纤环的尺寸太小，不仅研制困难，器件的传输特性差，附加损耗也大.

多功能组合滤波器件不同于多功能光纤光栅等多工单元器件[68～107]，它是光学器件的集成，属于集成光路（Integrated Optical Circuit）的范畴. 尽管平面波导技术的突破使得光纤光路的研究由热变冷，但光纤光路在某些应用场合还是会显示出其优越性，比如：分布式光纤传感，光接入网等（综合考虑网络要求和器件性价比等因素）. 随着光纤技术的突破和光纤器件稳定性的提高，由光纤技术和其他工艺技术结合研制的新型光子器件一定会得到认可和青睐.

本章研究方法：在给出数理模型的基础上进行数字设计、特性仿真和分析讨论. 内容偏重器件的特性仿真，缺点是还没有涉及器件的实用化设计和相关实验技术的探索.

3.1 多功能双环谐振光学梳状滤波器

20 世纪 90 年代，随着光纤耦合器研制技术的突破，基于光纤耦合器的光纤环的谐振滤波特性一度成为研究热点. 该类器件主要用于光学信号处理、光纤传感、FDM 光网中信号的解复用等. 其中，由 3×3光纤耦合器构成的双环谐振器是一种比较典型的结构，Jia Yuhong 曾经给出输出功率的解析表达式[105]，但不便于研究器件的幅度、相位和色散特性. G. ABD－EL－Hamid 和上海大学光纤研究所严方研究员曾经作过初步的滤波实验[108, 109]. Jose Capmany 采用数字信号处理方法研究过器件在放大的光延迟线方面的应用[110]. 本节综合考虑各种物理参量，给出较全面的数理解析模型，通过详尽的数值仿真，得到一些新的结果（双谐振峰的动态变化规律等），并且讨论了器件的应用[106].

下面通过理论推导和数值仿真研究多功能双环谐振腔的滤波特性，讨论它在放大的光延迟线（光缓存）、色散补偿和群组波长交错滤波等方面的应用.

3.1.1 等三角环形分布 3×3 光纤定向耦合器的传输特性

等三角环形分布 3×3 光纤定向耦合器(ET3m3FC)的截面结构如图 3.2 的右图所示,耦合器的传输矩阵表示如下[111]:

$$M=\begin{pmatrix} x+y & y & y \\ y & x+y & y \\ y & y & x+y \end{pmatrix}, \tag{3.1}$$

式中参量 $x=\exp(\mathrm{j}\,KL)$, $y=[\exp(-2\mathrm{j}\,KL)-\exp(\mathrm{j}\,KL)]/3$. 其中 K 和 L 分别表示耦合器的耦合系数和耦合长度. 如果耦合器的输入端口依次为 1、2、3;输出端口依次为 4、5、6,则根据(3.1)式,可以数值研究耦合器的传输特性(幅度和相位). 假定光波从端口 2 注入,计算结果如图 3.1 所示. 可见,端口 4 和 6 具有相同的输出特性:功率传输谱具有周期性,端口 4 或 6 的最小输出(等于零)对应端口 5 的最大输出;相反,端口 5 的最小输出(不等于零)对应端口 4 或 6 的最大输出. 相位传输谱同样具有周期性,不同点是端口 5 是非线性相位响应,端口 4 或 6 是分段线性响应.

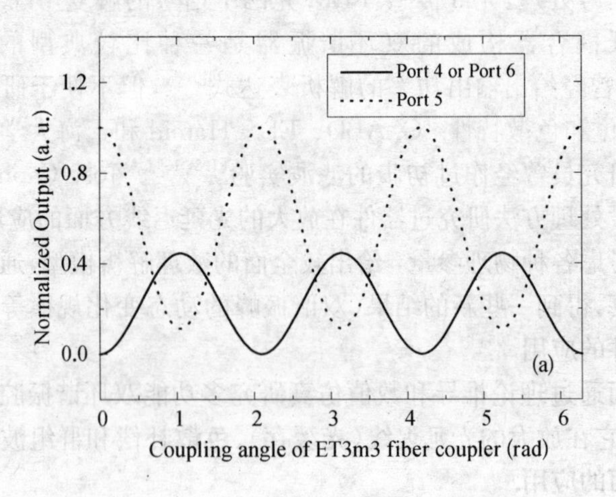

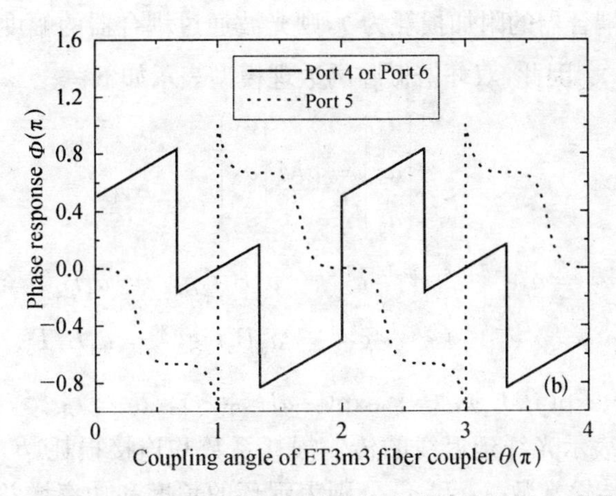

图 3.1　等三角环形分布定向耦合器的幅度传输谱(a)和相位响应(b)

3.1.2　由 3×3 光纤定向耦合器构成的双环谐振器的数理模型

把定向耦合器的输出端口 4 和 6 分别与输入端口 1 和 3 用光纤延迟线连接在一起，构成具有反馈回路的无限冲击响应型光学梳状滤波器（结构如图 3.2 的左图所示）. 合理选择物理参量，能够构成二阶光学全通滤波器.

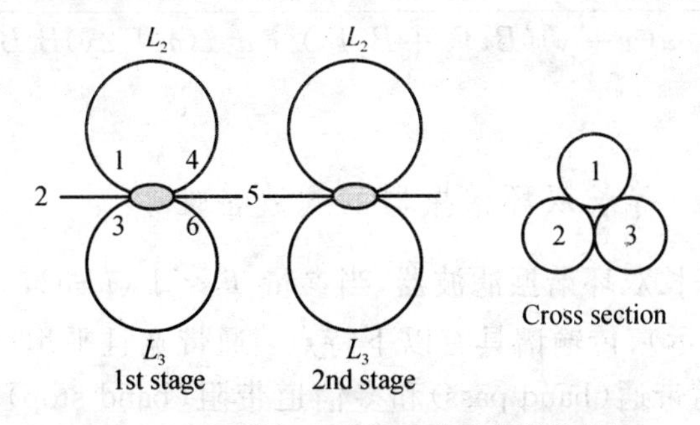

图 3.2　双环谐振光学梳状滤波器的结构与等三角 3×3 光纤耦合器的横截面

假定耦合器的附加损耗为 γ,则光波通过耦合器的幅度传输系数 $a=\sqrt{1-\gamma}$. 因此,双环谐振腔的数理模型表示如下:

$$\begin{pmatrix} a_4 \\ a_5 \\ a_6 \end{pmatrix} = aM \begin{pmatrix} a_1 \\ a_2 \\ a_3 \end{pmatrix},$$

$$a_1 = a_4 e^{-\alpha L_2+\xi_2} e^{j\beta_2 L_2} g_2^{1/2} = a_4 B_2 t_2 g_2^{1/2} = a_4 B_2 T_2,$$

$$a_3 = a_6 e^{-\alpha L_3+\xi_3} e^{j\beta_3 L_3} g_3^{1/2} = a_6 B_3 t_3 g_3^{1/2} = a_6 B_3 T_3. \quad (3.2)$$

式中 $B_i=\exp(j\beta_i L_i)$, $t_i=\exp(-\alpha L_i+\xi_i)$, $T_i=t_i g_i^{1/2}$, $i=2, 3\alpha$ 和 ξ_i 分别表示光纤延迟线的传输损耗系数和连接损耗,β_i 表示光波在环中的传输常数,L_i 和 g_i 分别表示环的长度和功率增益系数. 假定端口 2 的归一化输入为 $a_2=1$, 则端口 5 的输出光波的幅度 a_5 满足以下关系:

$$a_5 = \left[a(x+y) + \frac{a^2 y^2 B_3 T_3}{1-a(x+y)B_3 T_3}\right]a_2 + ay\left[1+\frac{ayB_3 T_3}{1-a(x+y)B_3 T_3}\right]a_3, \quad (3.3)$$

式中

$$a_3 = \frac{ay(1-axT_3)B_2 T_2 a_2}{1-a(x+y)(B_2 T_2+B_3 T_3)+a^2 x(x+2y)B_2 B_3 T_2 T_3}. \quad (3.4)$$

3.1.3 等长双环谐振器的滤波特性

对于等长双环谐振滤波器,当参量 $T_i \leqslant 1$ ($i=2, 3$) 时(如图 3.3 (a) 所示),传输谱具有以下特点: 通带宽且平坦,阻带较窄. 具有多信道带通(band pass)和多信道带阻(band stop)滤波功能. T_i 的增大引起峰的增大和谷的减小,同时通带边缘变陡. 当 $T_i \geqslant 1$ 时(如图 3.3 (b)所示),原来的谷则随着 T_i 的增大而增大,对这些波长信道来说，带阻滤波转化为带通滤波，同时伴随着信号幅度的放大，器件成为具有放大功能的光学梳状滤波器. 但是，这种放大并不是无止境的，当 T_i 增大到一定值（由器件的其他参量确定），主谐振峰达到最大并开始逐渐减小，这种现象类似于有源光子器件（激光振荡器和光放大器），表明器件具有产生多波长激光和多信道光放大功能.

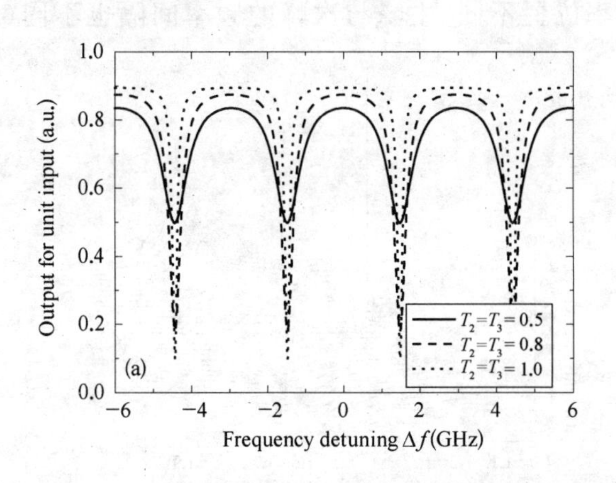

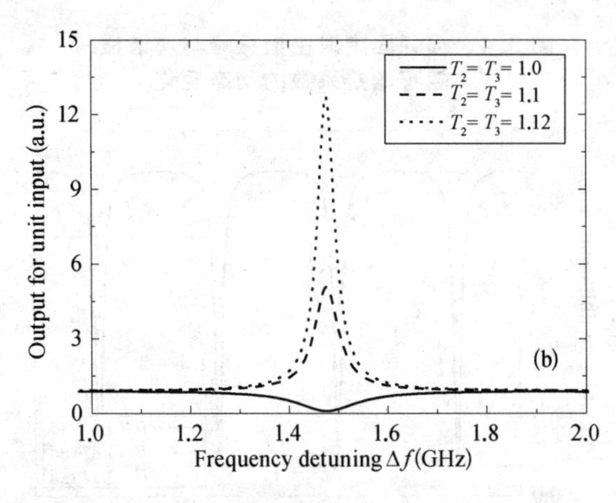

图 3.3　等长双环谐振器的传输谱：(a) $T<1$，(b) $T>1$

为了便于区分损耗和增益对器件传输特性的影响，下面把两个参量分开讨论. 如果两个环的损耗固定且不同，随着增益系数的增大，传输谱在动态变化过程中出现一种有趣的现象：如图 3.4，在每个主谐振峰的附近出现一个次谐振峰，主谐振峰与次谐振峰的动态变化规律是相反的. 同时我们注意到，当 3×3 光纤定向耦合器的耦合角(耦合系数与耦合长度的乘积)取值不同时，谐振峰的频率位置不同，主峰与次峰的频率间隔也不同(如图 3.5

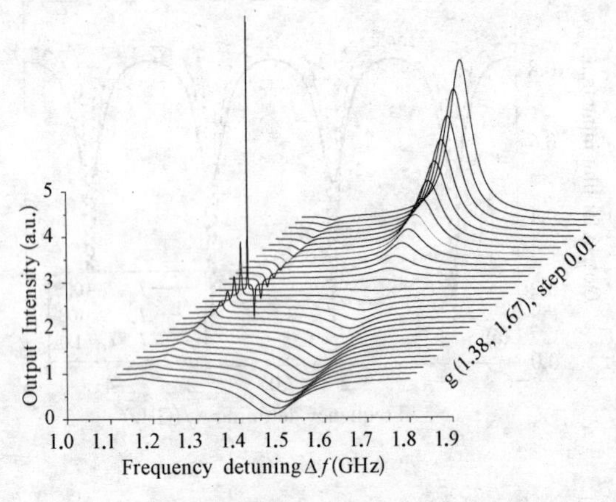

图 3.4 损耗固定时主谐振峰与次谐振峰随着增益系数的动态变化

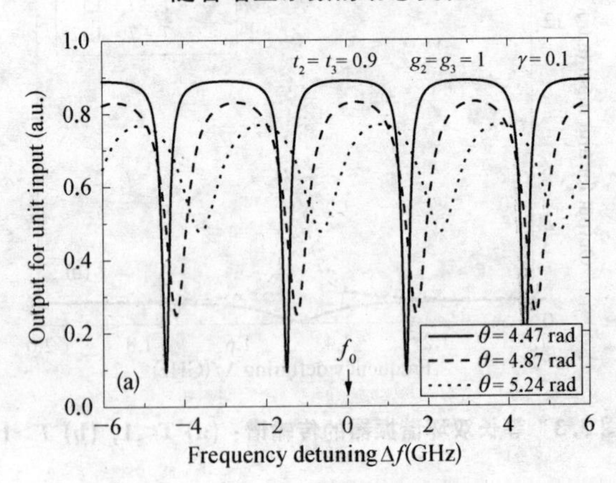

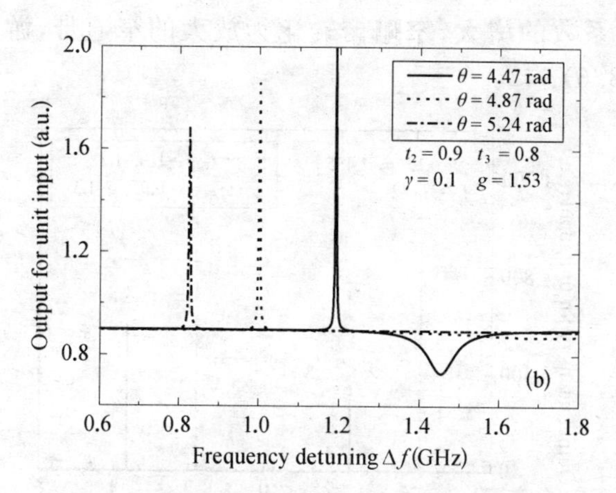

图 3.5 双环谐振滤波器中 3×3 光纤耦合器的耦合角对器件传输特性的影响

所示). 在 3×3 定向耦合器的幅度传输谱中选择 3 个特殊的耦合角(4.47, 4.87, 5.24)弧度,分别对应以下 3 种情况:端口 4 或 6 的输出最小,三个端口的输出相同,端口 5 的输出最小. 由计算结果可知,当 $\theta = 5.24$ rad 时,主峰与次峰的间隔最大,而且任意两个相邻主峰或相邻次峰的频率间隔恒等于器件的自由谱范围(FSR).

3.1.4 不等长双环谐振滤波器的游标效应(Vernier effect)

在高阶或多级串接光学滤波器的传输特性中,往往出现一种新奇的游标效应,举例说明:如果两个串接滤波器的自由谱范围分别为 FSR_1 和 FSR_2,且满足以下关系 $FSR_1/FSR_2 = N/(N+1)$,式中 N 是自然数,则整个滤波器的自由谱范围增大为 FSR_1 的 $N+1$ 倍和 FSR_2 的 N 倍. 通常,由于主谐振峰的边模抑制比不高,游标效应并不明显.

由等三角 3×3 光纤定向耦合器的不等长双环谐振滤波器,在不考虑增益因子时,游标效应并不明显;相反,考虑增益因子时,随着增益系数的增大,窄阻带转化为放大的窄通带,游标效应增强(如图 3.6).

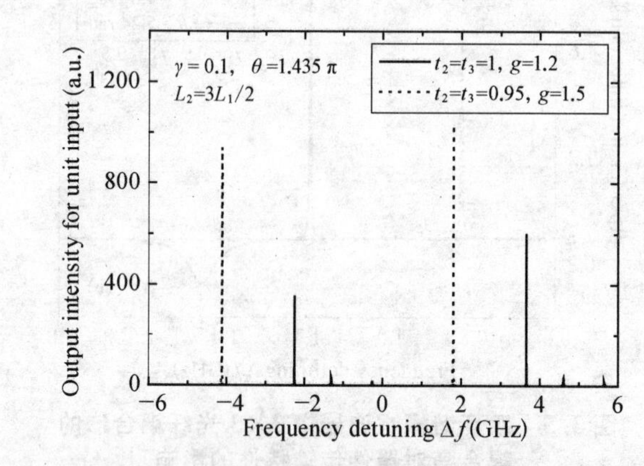

图 3.6　不等长双环谐振滤波器的游标效应

对于非对称双环谐振腔(两个环的损耗不同),主谐振峰和次谐振峰随增益系数的动态变化规律是不同的,如图 3.7,有些曲线包含峰与谷的缓慢转化,有些曲线则为单调变化. 总之,增益、损耗等多个参量共同决定了双环谐振滤波器的传输特性.

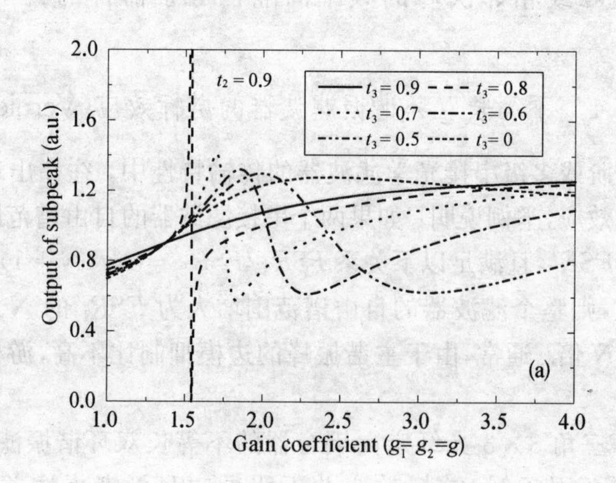

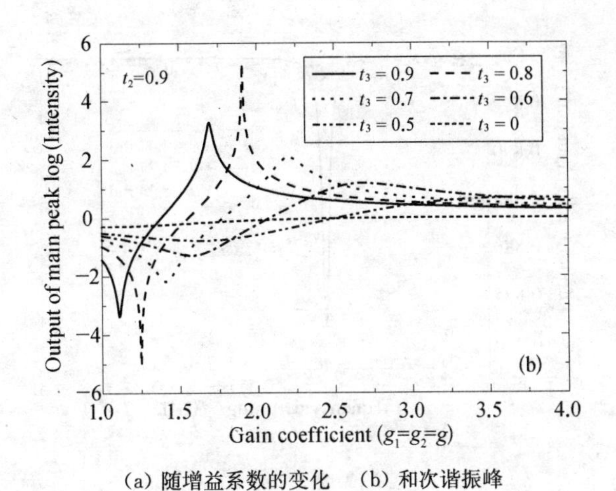

(a) 随增益系数的变化　(b) 和次谐振峰

图 3.7　损耗不同的非对称双环谐振腔主谐振峰

3.1.5　双环谐振滤波器的应用

3.1.5.1　色散补偿与光延迟线

除了周期滤波特性，双环谐振器还具有其他功能．把 3×3 光纤耦合器等效为 6 端口光网络，连接输出与输入端口的光纤延迟线构成反馈回路，合理选择参量，器件的传递函数能够满足全通滤波器的基本要求．在一定波长带宽内，保证器件的幅度响应接近常量，相位响应随波长变化．因此，双环谐振器作为 2 阶全通滤波器（相位滤波器），不仅可以用来改善带通滤波器的频谱特性，还能进行相位修正、色散和色散斜率补偿等．下面分别研究双环谐振器在构造群组波长交错滤波器和进行色散补偿方面的应用．

当定向耦合器的耦合角取值(4.47，4.87，5.24)弧度时，传递函数的幅度接近常量，抖动幅度只有 0.2%，0.4%和 2.75%，器件的传输谱(图 3.8(a)与群延迟谱(图 3.8(b)保持同步变化(受 Kramer－Kronig 关系的制约)，传输谱中的谐振峰对应着群延迟谱中较大的群延迟．

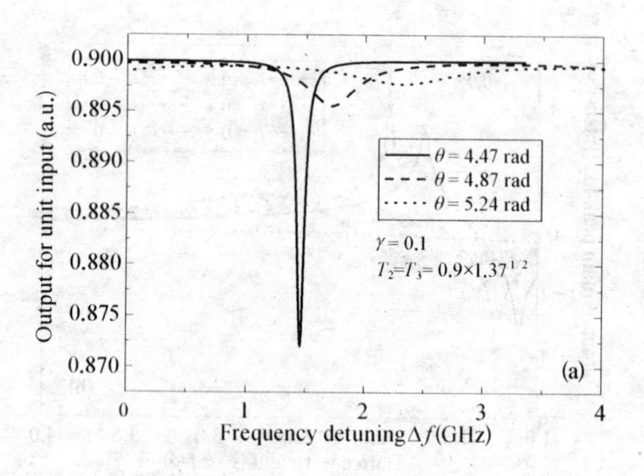

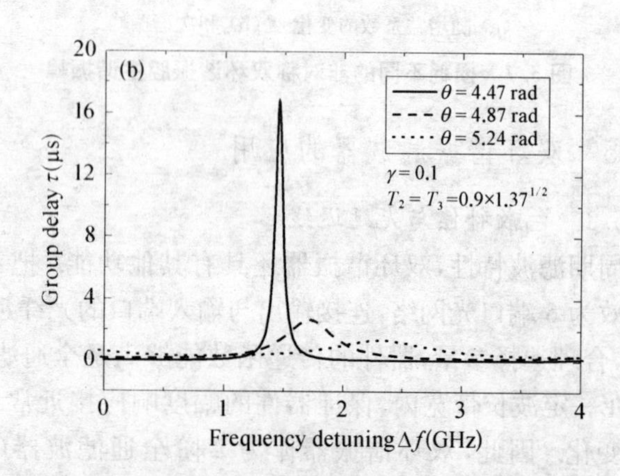

图 3.8　用于色散补偿的双环谐振光学全通滤波器的传输谱(a)与群延迟谱(b)

如果等长双环谐振滤波器的参量 $T_2 \neq T_3$，则会引起传输谱中谐振峰的上升沿与下降沿的非对称(图 3.9)，因此应尽量减小双环参量(损耗、增益)的差异.

串接两个参量不同的双环谐振器能够合成通带平坦的光延迟线(如图 3.10). 与之相比，由 2×2 光纤定向耦合器构成的单环结构光学全通滤波器结构简单、影响器件特性的参量较少.

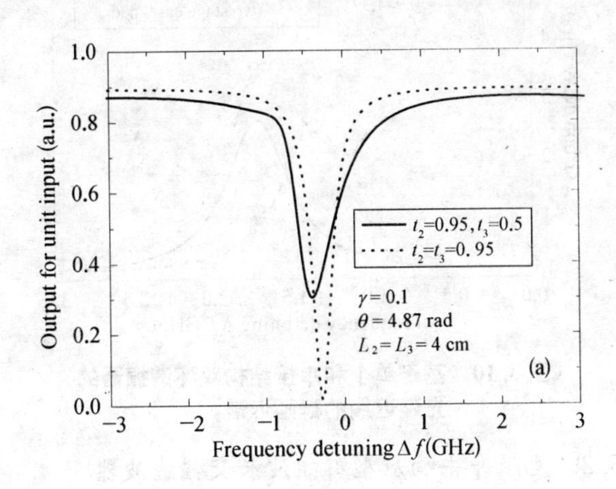

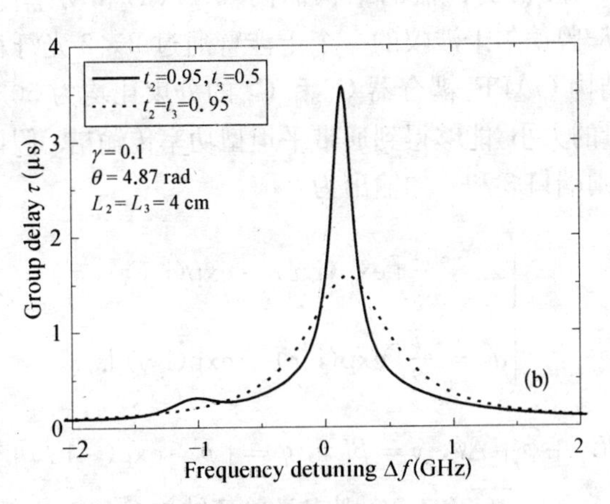

图 3.9　双环损耗不同引起传输谱的非对称(a)和群延迟谱畸变(b)

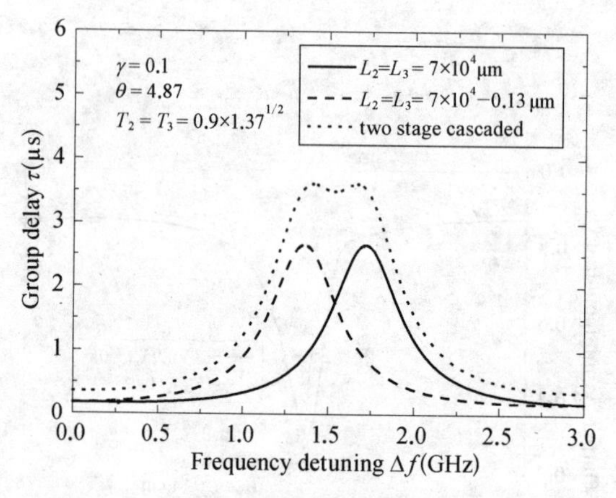

图 3.10 基于单个和串接结构双环谐振器的光延迟线的群延迟谱

3.1.5.2 无限冲击响应型群组波长交错滤波器

如图 3.11 所示,嵌入光学全通滤波器(OAPF)的马赫-曾德尔干涉仪型(MZI)波长交错器的结构简图 3.11(a)和功率传输谱 3.11(b),在马赫-曾德尔干涉仪的一个干涉臂通过 2×2 光纤耦合器嵌入一个单环结构 OAPF,耦合器 C_1 和 C_2 的分束比均为 50/50,合理选择其他参量的大小,能够得到通带平坦型功率传输谱. 假设信号从端口 1 输入,则端口 3 和 4 的输出为:

$$\begin{cases} a_3 = \dfrac{1}{2}[\exp(\mathrm{i}\,x) - \exp(\mathrm{i}\,y)], \\ a_4 = \dfrac{i}{2}[\exp(\mathrm{i}\,x) + \exp(\mathrm{i}\,y)]. \end{cases} \tag{3.5}$$

式中 $x = \beta L_1 + \varphi + \Delta\phi$, $y = \beta L_2$, $\varphi = [p - \exp(-\mathrm{i}\,\phi)]/[1 - p\exp(-\mathrm{i}\,\phi)]$, $p = \sqrt{1 - k_r^2}$ 和 k_r 分别表示单环结构 OAPF 中 2×2 光纤定向耦合器的幅度直通系数和耦合系数,$\phi = \beta L_0$ 表示单环 OAPF 的单程相位延迟,β 和 L_0 分别表示光纤中光波的传输常数和环的长度,L_1

和 L_2 代表 MZI 的两个干涉臂的长度，φ 和 $\Delta\phi$ 表示 OAPF 引入的相位延迟和 MZI 的上干涉臂的相位修正. 当 $\Delta L = L_1 - L_2 = L_0/2$，$\Delta\phi = \pi/2$，参量 p 的取值合适时，可以得到通带平坦、高隔离度群组波长交错滤波器.

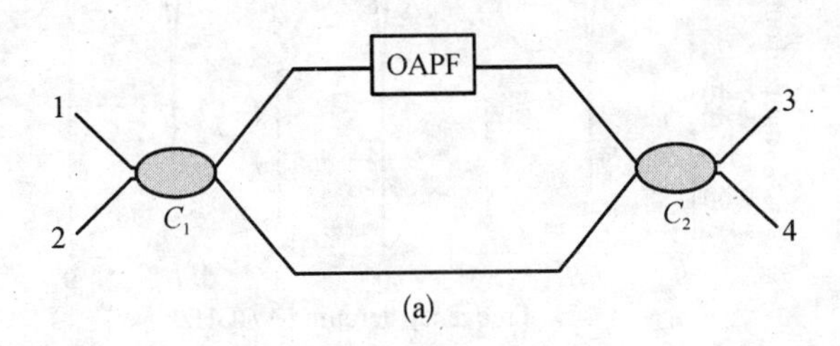

(a)

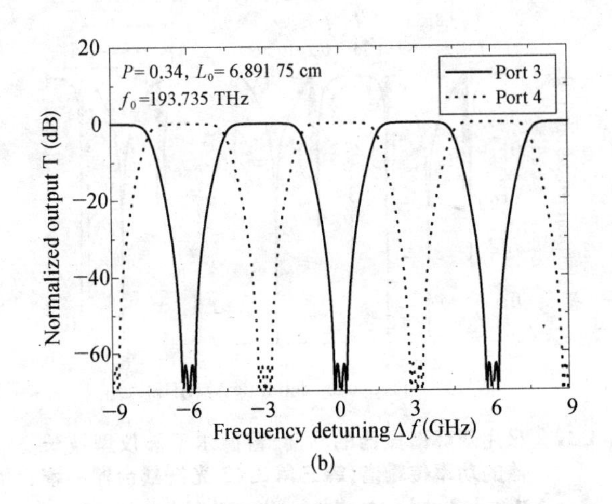

(b)

图 3.11 嵌入单环 OAPF 的 MZI 型波长交错滤波器的结构(a)和功率传输谱(b)

如果用双环谐振器替代单环 OAPF，3×3 耦合器在不同输出端口引入的不同附加相移应该在环中得到补偿和均衡，即便如此，采用双环谐振器的波长交错滤波器的功率传输谱也不理想(如图 3.12)，在通带边缘出现旁瓣(b)．

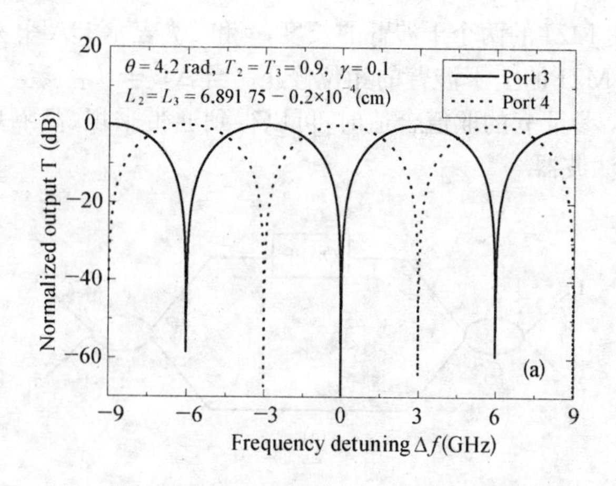

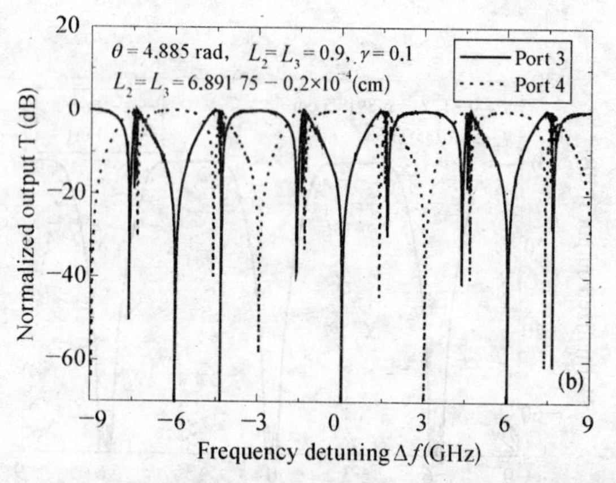

图 3.12　采用双环谐振器的马赫-曾德尔干涉仪型波长交错器的功率传输谱，等三角 3×3 光纤耦合器的耦合角 θ =4.2 rad (a)，θ=4.885 rad (b)

3.1.6　小结

基于 3×3 光纤定向耦合器的双环谐振腔具有周期性梳状滤波特性，改变耦合器的耦合角（耦合系数与耦合长度的乘积）、环的长度、损耗或增益，可以实现多信道带通滤波和多信道带阻滤波功能的转换. 对于有源环形腔,增益相对于损耗的动态变化,伴随着阻带向放大的通带的演化,器件成为振荡器或放大器. 当双环的长度满足一定关系 $L_1/L_2=(N+1)/N$ 时,出现游标效应,滤波器的自由谱范围(FSR)显著增大. 总之,由 3×3 光纤耦合器构成的双环谐振腔具有多功能滤波特性,可以用来构造光延迟线、进行色散补偿,但在改善带通滤波器的频谱特性方面似乎并不理想.

3.2 无限冲击响应(IIR)MZGTI 型波长交错滤波器

本节研究由薄膜 G-T 干涉仪型光学全通滤波器与光纤马赫-曾德尔干涉仪组合成的波长交错滤波器(MZGTI)的传输特性. 讨论了反射系数、损耗、色散、耦合比等参量对器件传输性能的影响,并进行了详细的数值仿真和理论分析.

3.2.1 MZGTI 型波长交错滤波器的结构与数理模型

如图 3.13 所示,3×2 马赫-曾德尔干涉仪型波长交错滤波器由一个直线型 3×3 光纤定向耦合器 C1 和一个 2×2 光纤定向耦合器 C2 组成,C1、C2 的分束比分别为 1∶0∶1 和 1∶1. 在马赫-曾德尔干涉仪的一个干涉臂内嵌入单腔结构薄膜 G-T 干涉仪.

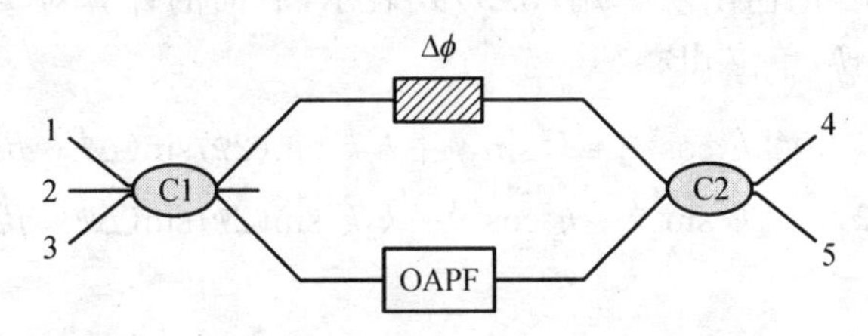

图 3.13 无限冲击响应型 MZGTI 波长交错器的结构简图

假定光波信号仅从端口 2 注入,$a_1=a_3=0$, $a_2=1$, 耦合器 C1 的三个输出端口(从上至下依次为 11、22、33)的输出信号的幅度由(3.6)式求出.

$$\begin{bmatrix} a_{11} \\ a_{22} \\ a_{33} \end{bmatrix} = k_1 \begin{bmatrix} 0.5(1+m) & x & 0.5(m-1) \\ x & m & x \\ 0.5(m-1) & x & 0.5(1+m) \end{bmatrix} \begin{bmatrix} a_1 \\ a_2 \\ a_3 \end{bmatrix}, \tag{3.6}$$

容易得到 $a_{11} = a_{33} = k_1 x$，式中 $m = \sqrt{1-k_r^2}$，$x = jk_r/\sqrt{2}$，$k_r = \sin\sqrt{2}\theta$，耦合角 $\theta = Kz$，K 和 z 分别表示定向耦合器的耦合系数和耦合长度. 为了便于研究损耗的影响，引入参量 $k_i(i = 1, \cdots, 4)$，端口 4 和端口 5 的归一化输出幅度 a_4 和 a_5 满足：

$$\begin{bmatrix} a_4 \\ a_5 \end{bmatrix} = k_4 \begin{bmatrix} \cos\phi & \mathrm{j}\sin\phi \\ \mathrm{j}\sin\phi & \cos\phi \end{bmatrix} \times \begin{bmatrix} k_2 \exp[\mathrm{j}(\beta L_0 + \Delta\phi)] & 0 \\ 0 & k_3 \exp\{\mathrm{j}[\beta(L_0 + \Delta L) + \xi]\} \end{bmatrix} \begin{bmatrix} a_{11} \\ a_{33} \end{bmatrix}, \tag{3.7}$$

经过计算，得到以下关系：

$$\begin{cases} a_4 = k_1 k_4 x(k_2 \cos\phi \exp[\mathrm{j}(\beta L_0 + \Delta\phi)] + \mathrm{j}\, k_3 \sin\phi \exp\{\mathrm{j}[\beta(L_0 + \Delta L) + \xi]\}), \\ a_5 = k_1 k_4 x(\mathrm{j}\, k_2 \sin\phi \exp[\mathrm{j}(\beta L_0 + \Delta\phi)] + k_3 \cos\phi \exp\{\mathrm{j}[\beta(L_0 + \Delta L) + \xi]\}). \end{cases} \tag{3.8}$$

相应的归一化输出功率用(3.9)式表示，后面的计算对 I_4 和 I_5 作 $10\lg I_i$ 变换，单位 dB.

$$\begin{cases} I_4 = (k_1 k_4 x)^2 [k_2^2 \cos^2\phi + k_3^2 \sin^2\phi + k_2 k_3 \sin(2\phi) \sin(\Delta\phi - \beta\Delta L - \xi)], \\ I_5 = (k_1 k_4 x)^2 [k_2^2 \sin^2\phi + k_3^2 \cos^2\phi - k_2 k_3 \sin(2\phi) \sin(\Delta\phi - \beta\Delta L - \xi)], \end{cases} \tag{3.9}$$

式中

$$\xi = Arg\left[\frac{r + \exp(-\mathrm{j}\,\varphi)}{1 + r\exp(-\mathrm{j}\,\varphi)}\right], \quad \varphi \approx 4\pi nd\cos\vartheta/\lambda. \tag{3.10}$$

(3.6)、(3.10)式中各参量的物理意义：ϕ(定向耦合器 C2 的耦合角)，β(单模光纤内基模的传播常数)，L_0 和 $L_0+\Delta L$（马赫-曾德尔干涉仪双干涉臂的几何长度，不包括 GTI - OAPF)，ξ（光波通过 GTI - OAPF引入的附加相移)，r(GTI - OAPF 的部分反射镜的反射系数)，φ(光波在 GTI - OAPF 谐振腔内的单程相移)，d(GTI - OAPF 的腔长)，ϑ(光波在 GTI - OAPF 腔内的折射角)，n(GTI - OAPF 腔内介质的折射率，本节采用石英玻璃作为 G - T 腔的腔内介质). 理想情况下，不考虑损耗，幅度透射系数 $k_1=k_2=k_3=k_4=1$.

3.2.2 影响 MZGTI 型波长交错滤波器传输特性的因素

在分析各种因素对波长交错滤波器传输特性的影响之前，首先简要说明衡量该器件特性的一个重要参量(隔离度). 不同光子器件对隔离度(Isolation)有不同的定义，例如光隔离器和波分复用器. 波长交错滤波器与波分复用器类似，定义如下：隔离度 $I_{\lambda_1}=-10\lg[P_{\lambda_1}^{[3]}/P_{\lambda_1}^{[2]}]\,\mathrm{dB}=10\lg P_{\lambda_1}^{[2]}-10\lg P_{\lambda_1}^{[3]}$，波长为 λ_1 和 λ_2 的信号从端口 1 注入，信号 λ_1 从端口 2 输出，信号 λ_2 从端口 3 输出，对信号 λ_1 来说，端口 2 的输出 $P_{\lambda_1}^{[2]}$ 为信号功率，端口 3 的输出 $P_{\lambda_1}^{[3]}$ 为串扰功率. 既然波长交错滤波器是一种特殊的波分复用器，对其输出端口 4 来说，用 $\Delta=I_4-I_5$ 表示隔离度与以上定义一致. 式中 I_4 和 I_5 表示归一化输出功率，单位 dB. 未归一化时，如果输入功率为毫瓦，则输出功率 I_4 和 I_5 取对数后单位为分贝毫瓦(dBm).

3.2.2.1 薄膜 GTI - OAPF 中部分反射镜的反射系数的影响

当波导的折射率取常数 $n=1.444\,04$ 时，要得到自由谱范围 $FSR=100$ GHz 的波长交错器，GTI - OAPF 的腔长 $d=2\,076.06\,\mu\mathrm{m}$，马赫-曾德尔干涉仪的双干涉臂的几何长度差 $\Delta L=d$，相位修正项 $\Delta\phi=\pi/2$. 当 GTI - OAPF 的部分反射镜的幅度反射系数 r 取值不同时，功率传输谱不同，计算结果如图3.14所示，图中实线和虚线分别对应端口4和端口5的归一化输出功率.

由图3.14可知，当其他参量选定之后（$k_1 = k_2 = k_3 = k_4 = 1, \theta = 3.331\ \text{rad}, \phi = \pi/4, \vartheta = 0, d = 2\,076.06\ \mu\text{m}, \Delta L = d, \Delta\phi = \pi/2$），影响该器件传输特性的主要因素是GTI－OAPF中部分反射镜的反射系数，当r等于1或0时，即：光波不经过GTI－OAPF（相当于未嵌入GTI－OAPF的马赫-曾德尔干涉仪），或光波不在GTI－OAPF内形成多次反射（一次全部通过），该器件的传输特性与常规马赫-曾德尔干

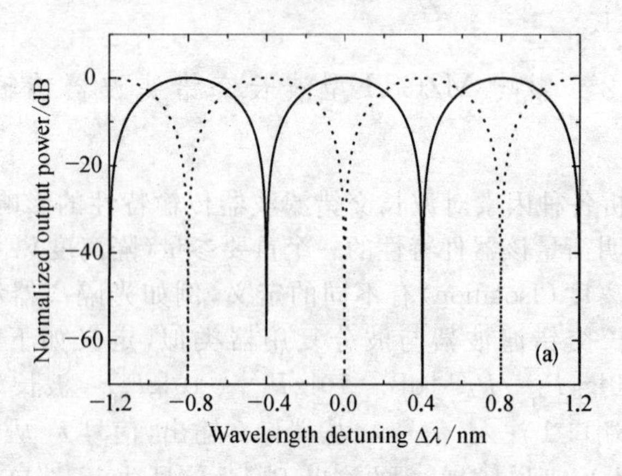

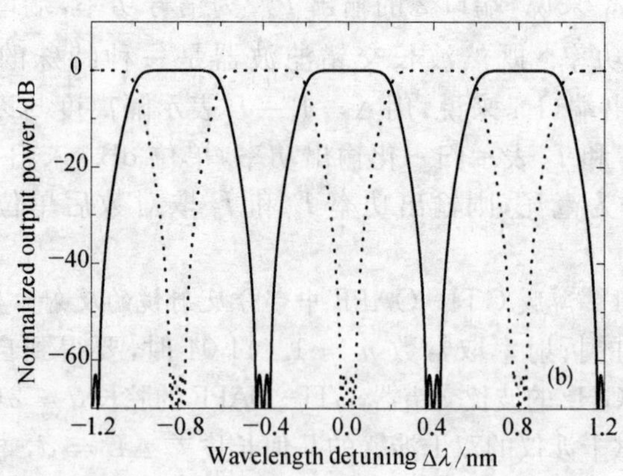

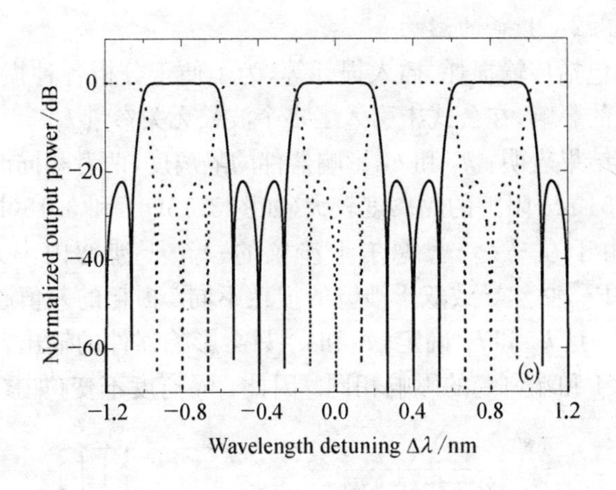

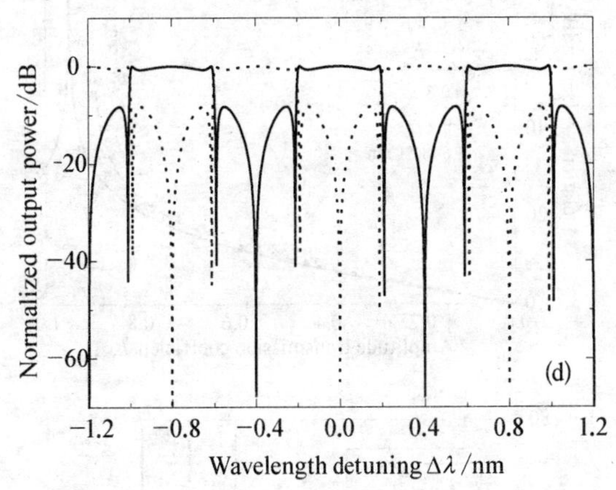

(a) $r=0$ 或 $r=1$，(b) $r=0.34$，(c) $r=0.5$，(d) $r=0.85$

图 3.14　GTI－OAPF 中部分反射镜的反射系数对波长交错滤波器传输特性的影响，归一化功率输出：端口 4(实线)，端口 5(虚线)

涉仪相同. 随着 r 的增大（$r=0.34$），透射峰由抛物线变为平顶，通带的边缘由缓和变陡峭，相邻信道间的串扰特性得到改善. r 继续增大（$r=0.5$），次峰增高，通带边缘进一步变陡，但隔离度降低. $r=0.85$ 时，器件的传输特性明显变差. 因此，参量 r 的大小一定要选得合适.

3.2.2.2 损耗的影响

损耗包括传输损耗、插入损耗等，为了便于分析各种损耗对器件传输特性的影响，在公式中引入了多个波长无关参量 k_i.

计算结果表明：k_2 和 k_3 影响器件的隔离度，两者相同时，设计波长 1 548.51 nm 附近的隔离度较大(如图 3.15(a) 和 3.15(b) 所示). 事实上，由于在马赫-曾德尔干涉仪的一个干涉臂内串入了薄膜 GTI-OAPF，必然导致双干涉臂的损耗不同. 损耗的差值越小，隔离度越高. 一旦 k_2 和 k_3 确定，k_1 和 k_4 只会影响器件的输出，这两个参量对端口 4 和端口 5 的影响相同. 因此，隔离度不变(如图 3.15(c)

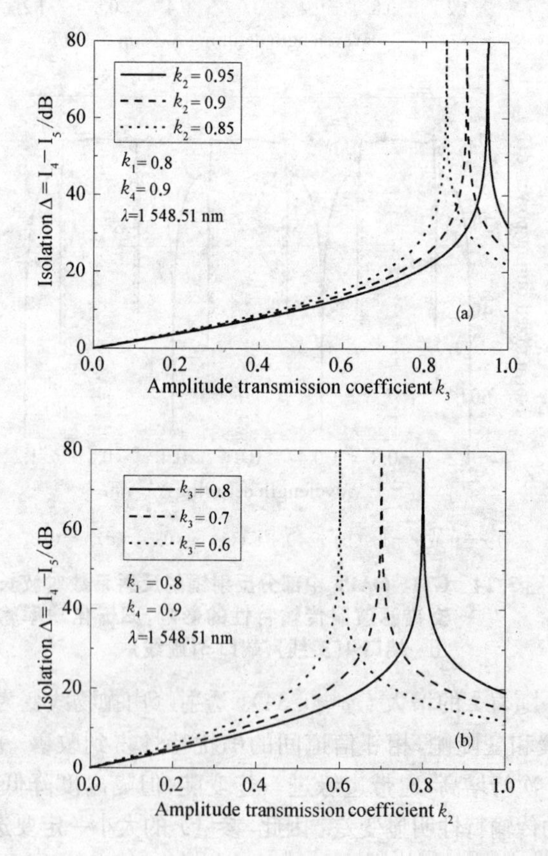

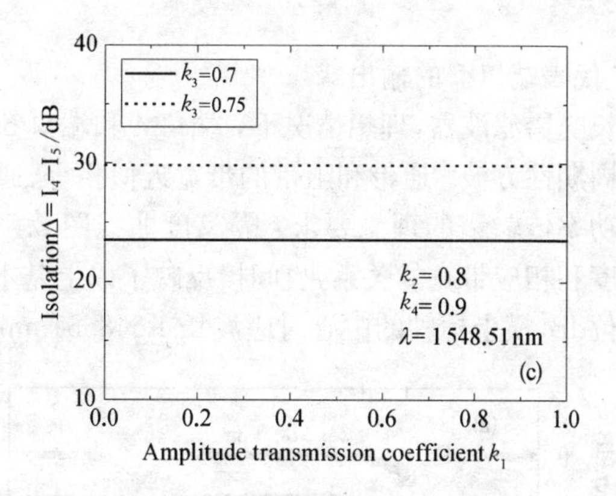

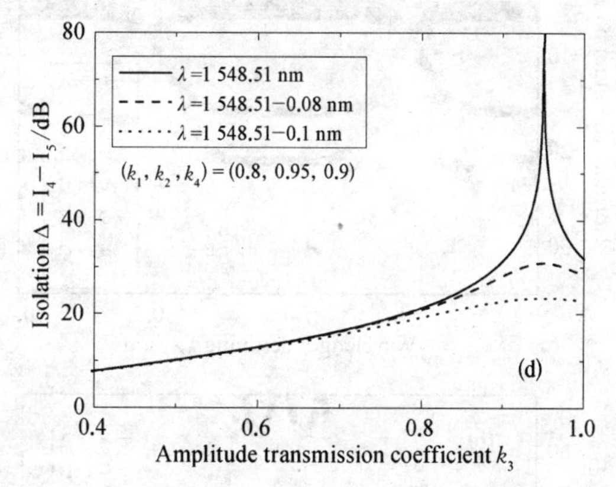

图 3.15 损耗对波长交错滤波器传输特性(隔离度)的影响. 在设计波长 1 548.51 nm 处,损耗对隔离度的影响: (a) k_2 固定, k_3 变化; (b) k_3 固定, k_2 变化; (c) k_2 和 k_3 固定, k_1 或 k_4 变化; (d) 偏离设计波长时隔离度的变化

所示). 偏离中心波长时,隔离度随之降低(如图 3.15(d)所示).

为了便于观察损耗对器件功率传输谱的影响,图 3.16(a)列出三种情况端口 4 和端口 5 的归一化输出功率谱, A(1, 1, 1, 1), B(0.8, 0.95, 0.7, 0.9), C (0.8, 0.95, 0.5, 0.9), 括号中的 4 个参量依次表示 k_1、k_2、k_3 和 k_4. A_1、B_1 和 C_1 代表端口 4 的输出,

A_2、B_2 和 C_2 代表端口 5 的输出.

对于波长交错滤波器,理想情况下,端口 4 和端口 5 的输出应为两组互补的周期性方波. 通带和阻带的带宽近似相等、通带边缘陡峭是对该器件功率传输谱的理想要求. 隔离度曲线图 3.16(b)清晰地表明了隔离度和相应带宽的关系,也间接反映了以上基本要求. 图中纵坐标的单位dB,横坐标轴的中心对应波长 1 548.51 nm.

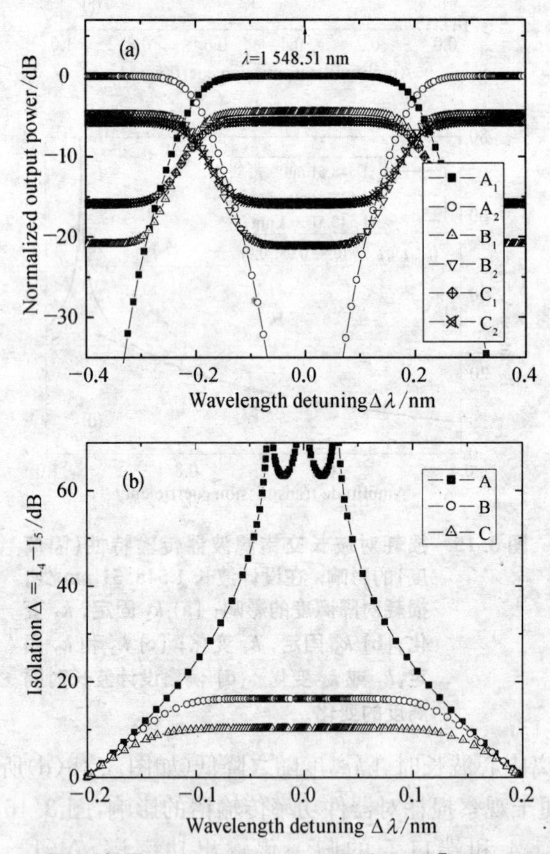

图 3.16 损耗参量(k_1, k_2, k_3, k_4)取值不同[A(1, 1, 1, 1), B(0.8, 0.95, 0.7, 0.9), C(0.8, 0.95, 0.5, 0.9)]对波长交错滤波器功率传输谱(a)和隔离度(b)的影响. 在(a)中 A_1, B_1, C_1 代表端口 4 的输出, A_2, B_2, C_2 代表端口 5 的输出

3.2.2.3 光纤定向耦合器的分束比对器件传输特性的影响

理想情况，直线型 3×3 光纤定向耦合器和 2×2 光纤定向耦合器的耦合角分别等于 3.331 rad 和 π/4 时，耦合器的分束比分别等于1∶0∶1和 1∶1. 由于工艺条件等原因，分束比的实测值与期望值之间往往有偏差，该偏差对波长交错滤波器传输特性的影响如图 3.17 所示. 图

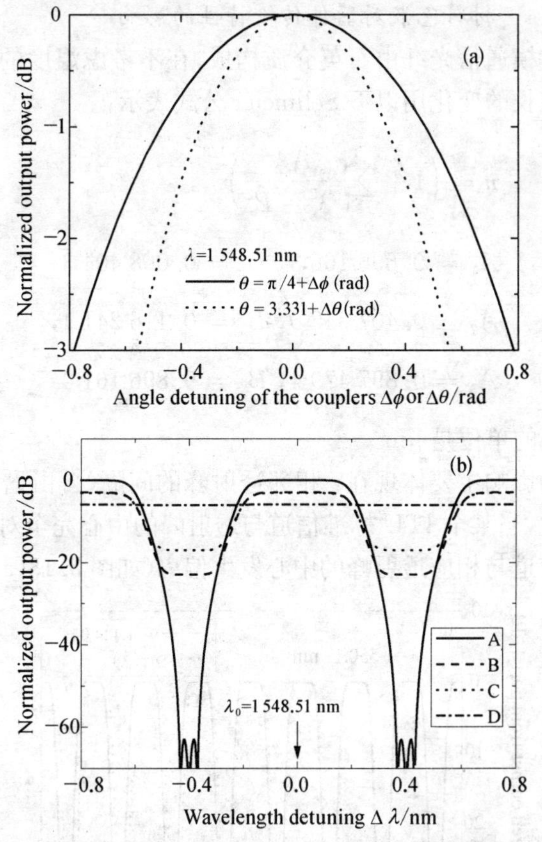

图 3.17　光纤耦合器的耦合角的偏差对器件传输特性的影响，(a) 端口 4 的输出，波长 1 548.51 nm，3×3 耦合器(虚线)，2×2 耦合器(实线)；(b) ($\Delta\theta$, $\Delta\phi$)取值分别为 A(0, 0)(实线)，B(−0.55, 0.1)(虚线)，C(−0.55, 0.2)(点线)，D(−0.55, −0.78)(点划线)时端口 4 的传输谱，角度的单位是弧度

3.17(a)表明：随着光纤定向耦合器的耦合角与理想值的偏差的增大，中心波长 1 548.51 nm 处的输出功率降低．图 3.17(b)表明：两个定向耦合器的耦合角与理想值的偏差均较大时，主峰降低，次峰增高，隔离度相应减小．偏差达到一定程度(曲线 D)已经失去实际意义．因此，研制器件时各参量的误差范围的控制非常关键．

3.2.2.4 材料色散对器件传输特性的影响

常规单模通信光纤由石英介质构成，在不考虑温度的影响时，其折射率随波长的变化用以下 Sellmeier 公式表示：

$$
\begin{aligned}
& n=\left(1+\sum_{i=1}^{3}\frac{A_i\lambda^2}{\lambda^2-B_i^2}\right)^{1/2}, \\
& A_1=0.6961663,\ B_1=0.0684043, \\
& A_2=0.4079426,\ B_2=0.1162414, \\
& A_3=0.8974794,\ B_3=9.8961610.
\end{aligned}
\tag{3.11}
$$

式中波长 λ 的单位是 μm．

色散的影响主要体现在：相邻透射峰的间隔(自由谱范围 FSR)随波长变化，当某个 ITU 标准信道与透射峰的中心完全对准时，远离该波长的信道与相应透射峰的中心发生偏离(如图 3.18(a)所示)．当

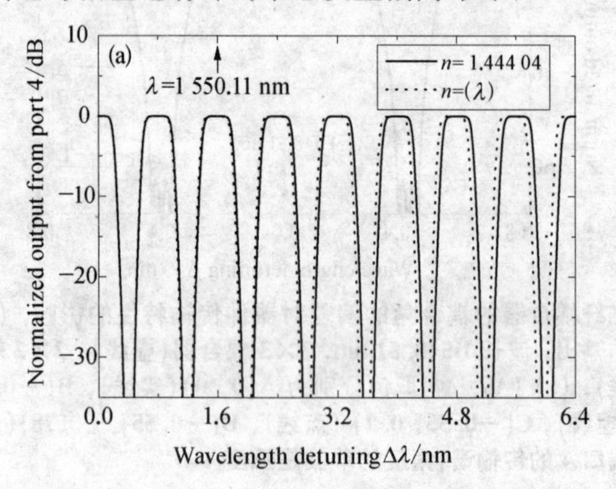

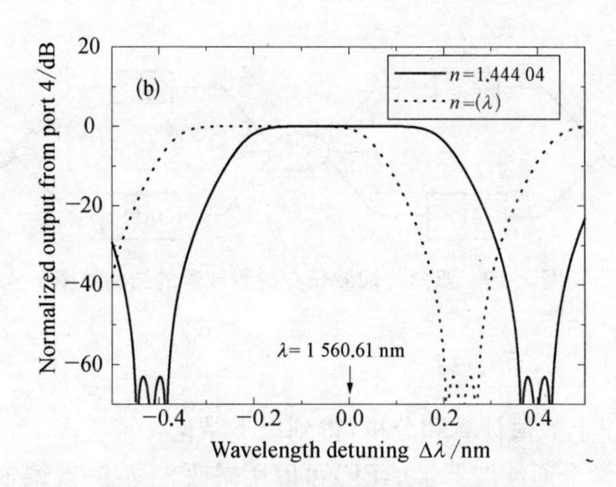

图 3.18　材料色散对波长交错滤波器传输特性的影响

信道 1 548.51 nm (设计波长)与透射峰对准,不考虑材料色散,信道 1 560.61 nm 基本位于透射峰的中心,考虑材料色散,则偏离约 0.16 nm(如图 3.18 (b)所示).

3.2.3　双向传输波长交错滤波器的结构及应用

在前面讨论的基础上,下面给出一种双向马赫-曾德尔干涉仪型波长交错器的结构(如图 3.19 所示),若光波从端口 1 注入,则从端口 3 和 4 输出;若光波从端口 2 注入,则从端口 5 和 6 输出. 在结构上它相当于两个 3×2 马赫-曾德尔干涉仪(MZI)共用一个 3×3 光纤定向耦合器,两个 MZI 的设计不受任何限制,可以针对相同信道间隔,也可以针对不同信道间隔,透射峰的中心与某一标准信道波长的最佳匹配的调节也是相互独立的. 为了减小后向反射的影响,端口 1 和端口 2 可以串接光隔离器(Optical Isolator). 如果用多端口光环行器(Optical Circulator)替代光隔离器,辅以 F－P 光学滤波器等光电子器件,能够实现对波长信道的在线监测和实时信号处理,其功能显著增强. 该器件有望在双向光放大模块,双向光分插复用(OADM)节点,以及双向传输光纤城域网中得到应用.

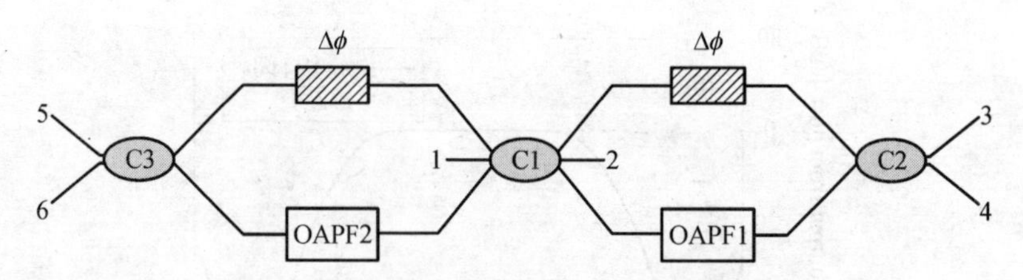

图 3.19　双向传输波长交错滤波器的结构简图

3.2.4　本节小结

通过以上数值计算和分析，得到以下结论：

1. 光学全通滤波器(OAPF)可以用来改善马赫-曾德尔干涉仪型(MZI)波长交错滤波器的传输特性.

2. 采用 3×3 光纤定向耦合器，带来工艺上的方便和结构上的灵活性. 本节提出的共用一个 3×3 光纤定向耦合器、6 端口双向波长交错滤波器就体现了这一点. 必须指出的是，它破坏了常规马赫-曾德尔干涉仪的光路互易性，因此该器件只能用来分波，不能用来合波.

3. 薄膜 GTI - OAPF 中部分反射镜的反射系数影响传输谱的形状，接近 1/3 时，传输谱的通带平坦，且器件的隔离度高. 薄膜 GTI - OAPF 的设计以及 GTI - OAPF 和马赫-曾德尔干涉仪的干涉臂的耦合是关键之一.

4. 耦合器的耦合角的选择要适中，与理想值的偏差不宜过大. 宽带光纤耦合器的研制是关键之二.

5. 材料色散影响波长信道与透射峰的中心的对准. 采用色散位移光纤，还应考虑波导色散的影响.

6. 损耗的影响不容忽视，双干涉臂的损耗的偏差是导致器件隔离度降低的一个主要原因.

两点补充说明：

1. 在本节的理论分析中，已假定马赫-曾德尔干涉仪的单臂中嵌入了单个薄膜 GTI - OAPF，GTI - OAPF 的谐振腔由石英介质构成

(与光纤相同),光波垂直入射,从而简化了设计模型. 其实,也可以采用多个 GTI - OAPF 的串接结构,谐振腔的腔内介质可以用空气替代,光波可以斜入射. 宽带光纤定向耦合器的研制采用预熔锥技术.

2. 数值计算和分析针对的是光纤波导,由于光纤环的直径不宜过小(cm 量级),因此,采用了薄膜 G - T 干涉仪. 若采用相对折射率差较大的平面波导(例如 $\Delta n = 1.5\%$,有效折射率 $n > 3$),器件的尺寸会大幅度减小,平面波导型波长交错滤波器中采用环形腔结构光学全通滤波器更合适.

3.3 多功能 DWDM 光学滤波器组合模块

光纤通信作为信息高速公路建设的一个重要组成部分,经历着里程碑式的发展变化,从模拟光通信到数字光通信,从时分复用到多种复用方式的并用(TDM、WDM、CDM),从光电中继到未来的全光中继,从光纤骨干网到城域网和接入网的建设等等,光纤通信的发展已经让我们领略到信息高速公路建设带来的快捷和便利,未来智能化全光网的建设前景更加诱人. 网络的建设离不开技术的更新和突破,更离不开材料、光电子、通信等行业的大力协作,研制与开发新型高性能光电子器件具有现实意义,探索多功能光子器件适应系统集成化和小型化的发展方向.

在光纤通信系统中,光学滤波器作为一类非常重要的光子器件可以划分为很多种类. 按功能划分,包括信道选择光学滤波器、色散补偿光学滤波器、增益谱均衡光学滤波器、光延迟线等. 当然还有一些特殊的光学滤波器,比如中心波长和带宽独立调谐光学滤波器和本节讨论的多功能光学滤波器. 后者又可细分为组合器件(例如:调谐式多信道色散补偿薄膜光学滤波器和 DWDM 器件构成的组合模块)和真正意义上的多功能单元器件(例如:具有色散补偿功能的增益谱均衡光纤光栅)等. 本节把 3×3 宽带光纤耦合器作为一个基本单元,对传统结构加以改进,提出一种新型多功能光学滤波器组合模块的设计方案，并进行了系统化研究，讨论了DWDM系统对器件的性能要求和潜在应用.

3.3.1 组合模块的结构

如图3.20所示，该多功能DWDM光学滤波器由群组波长交错滤波器、密集波分复用器、色散补偿器(多信道或调谐式单信道色散补偿)和波长信道监测器组成. 各组成模块具体说明如下.

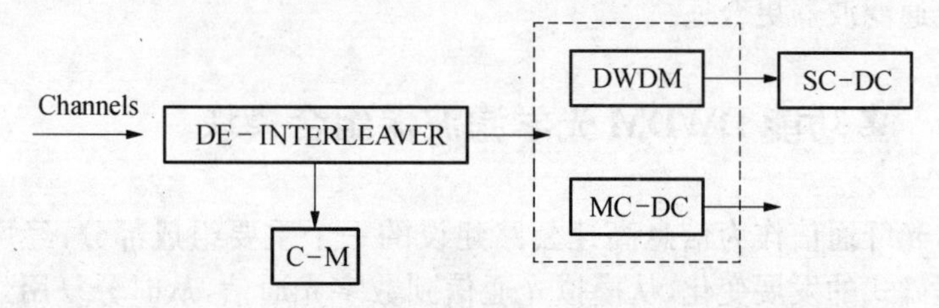

DE－INTERLEAVER(群组波长交错滤波器)，DWDM(密集波分复用器)，MC－DC和SC－DC(多信道和单信道色散补偿器)，C－M(信道监测器)

(a)

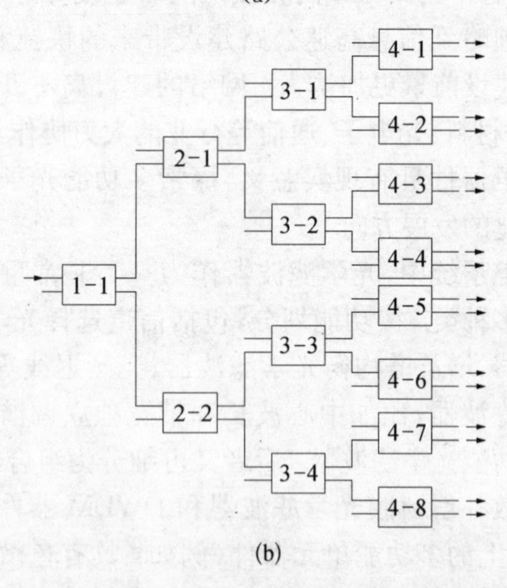

(b)

图3.20 多功能DWDM光学滤波器的结构简图(a)，4级M－Z串接密集波分复用器单元(b)

3.3.2 有限冲击响应型(FIR)群组波长交错滤波模块

如图 3.21 所示,该模块由两个二级串接马赫-曾德尔干涉仪组成,左右两部分关于 3×3 宽带光纤耦合器 C_1 对称(左半部分已省略). 当 DWDM 信号从端口 1 注入,经二级串接的非对称 M－Z干涉仪后,均匀分布的 DWDM 信号按照奇数和偶数分为两组,分别从端口 3 和端口 5 输出,实现群组波长交错滤波. 如果 C_1 的幅度分束比写为 $y/(1-y)/y$,且 $y\neq 1$,则部分光信号从光环行器的端口 7 输出,端口 7 串接 Fabry－Perot 干涉仪可实现对 DWDM 信道的在线监测. 端口 3 和 5 的输出经薄膜 Gires－Tournois 干涉仪或啁啾光纤光栅,可同时对多个 DWDM 信道进行色散补偿. 采用 3×3 光纤耦合器有以下好处:多功能器件小型化;研制过程的在线监测等.

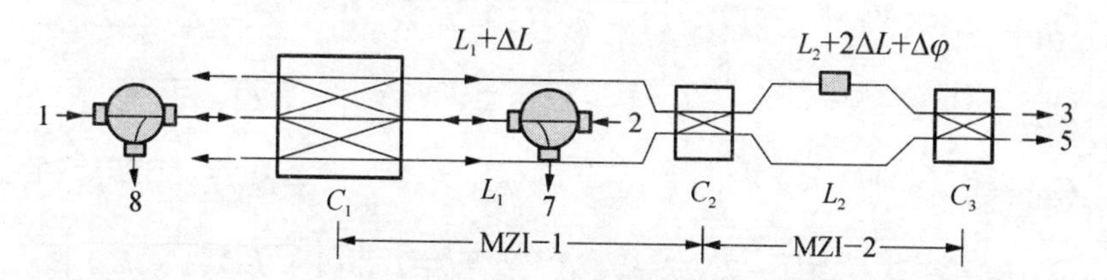

图 3.21 采用 3×3 光纤耦合器的双向 FIR 型波长交错滤波器的结构

线形排列 3×3 光纤耦合器的传输矩阵

$$M=\begin{bmatrix}0.5(1+m) & x & 0.5(m-1)\\ x & m & x\\ 0.5(m-1) & x & 0.5(1+m)\end{bmatrix},\qquad(3.12)$$

式中 $m=\sqrt{1-k_r^2}$, $x=\mathrm{j}\,k_r/\sqrt{2}$, $k_r=\sin(\sqrt{2}\theta)$, $\theta=Kz$, k 和 z 分别表示耦合系数和耦合长度. 宽带光纤耦合器可以采用预熔锥技术研制.

2×2 光纤耦合器 C_2 和 C_3 的传输矩阵

$$N=\begin{pmatrix}\sqrt{1-k_i} & \mathrm{j}\sqrt{k_i}\\ \mathrm{j}\sqrt{k_i} & \sqrt{1-k_i}\end{pmatrix} \tag{3.13}$$

式中角标 $i=2,3$ 分别对应耦合器 C_2 和 C_3，k_i 表示光纤耦合器的功率耦合系数．如果端口 1 为单位输入 $a_1=1$，则端口 3 和 5 的幅度输出

$$\begin{pmatrix}a_3\\ a_5\end{pmatrix}=A\begin{pmatrix}\sqrt{1-k_3} & \mathrm{j}\sqrt{k_3}\\ \mathrm{j}\sqrt{k_3} & \sqrt{1-k_3}\end{pmatrix}\begin{pmatrix}t_3\mathrm{e}^{-\mathrm{j}[\beta(L_2+2\Delta L)+\Delta\varphi]} & 0\\ 0 & t_4\mathrm{e}^{-\mathrm{j}\beta L_2}\end{pmatrix}\times$$
$$\begin{pmatrix}\sqrt{1-k_2} & \mathrm{j}\sqrt{k_2}\\ \mathrm{j}\sqrt{k_2} & \sqrt{1-k_2}\end{pmatrix}\begin{pmatrix}t_1\mathrm{e}^{-\mathrm{j}\beta(L_1+\Delta L)} & 0\\ 0 & t_2\mathrm{e}^{-\mathrm{j}\beta L_1}\end{pmatrix}\begin{pmatrix}x\\ x\end{pmatrix}, \tag{3.14}$$

$$\begin{cases}Q_{11}=t_1\mathrm{e}^{-\mathrm{j}\beta(L_1+L_2+\Delta L)}\left[t_3\sqrt{(1-k_2)(1-k_3)}\mathrm{e}^{-\mathrm{j}(2\beta\Delta L+\Delta\varphi)}-t_4\sqrt{k_2k_3}\right],\\ Q_{12}=\mathrm{j}\,t_2\mathrm{e}^{-\mathrm{j}\beta(L_1+L_2)}\left[t_3\sqrt{k_2(1-k_3)}\mathrm{e}^{-\mathrm{j}(2\beta\Delta L+\Delta\varphi)}+t_4\sqrt{(1-k_2)k_3}\right],\\ Q_{21}=\mathrm{j}\,t_1\mathrm{e}^{-\mathrm{j}\beta(L_1+L_2+\Delta L)}\left[t_3\sqrt{(1-k_2)k_3}\mathrm{e}^{-\mathrm{j}(2\beta\Delta L+\Delta\varphi)}+t_4\sqrt{k_2(1-k_3)}\right],\\ Q_{22}=t_2\mathrm{e}^{-\mathrm{j}\beta(L_1+L_2)}\left[-t_3\sqrt{k_2k_3}\mathrm{e}^{-\mathrm{j}(2\beta\Delta L+\Delta\varphi)}+t_4\sqrt{(1-k_2)(1-k_3)}\right].\end{cases} \tag{3.15}$$

$$\begin{cases}a_3=Ax(Q_{11}+Q_{12}),\\ a_5=Ax(Q_{21}+Q_{22}),\end{cases} \tag{3.16}$$

式中 $A=\eta_1\eta_2\eta_3$，$\eta_i=\sqrt{1-\alpha_i}$，η_i 和 α_i 分别表示耦合器的幅度传输系数和引入的附加损耗，t_i 表示考虑传输损耗时 M－Z 干涉仪中各干涉臂的传输系数，L_1 和 $L_1+\Delta L$ 是 MZI－1 的双干涉臂的长度，L_2 和 $L_2+2\Delta L$ 是 MZI－2 的双干涉臂的长度，$\Delta\varphi$ 是为了有效实现信道的解复用而引入的附加相移．n_{eff} 表示单模光纤中导模的有效折射率，弱导光纤的 n_{eff} 可用纤芯折射率近似．理想情况下 $t_1=t_2=t_3=t_4=$

1，$\eta_1=\eta_2=\eta_3=1$，容易验证功率守恒.

图 3.22 给出两种数字设计，设计波长为 1 548.51 nm，信道间隔为 0.4 nm 的 DWDM 信号从端口 1 输入，分解为信道间隔为 0.8 nm 的两组. 耦合器 C_2 和 C_3 的分束比对器件的传输特性影响较大，根据不同的设计要求，可以设计带宽和隔离度不同的群组波长交错滤波器. 图 3.23 具体给出耦合器 C_2 和 C_3 的分束比的变化对器件传输特性的影响.

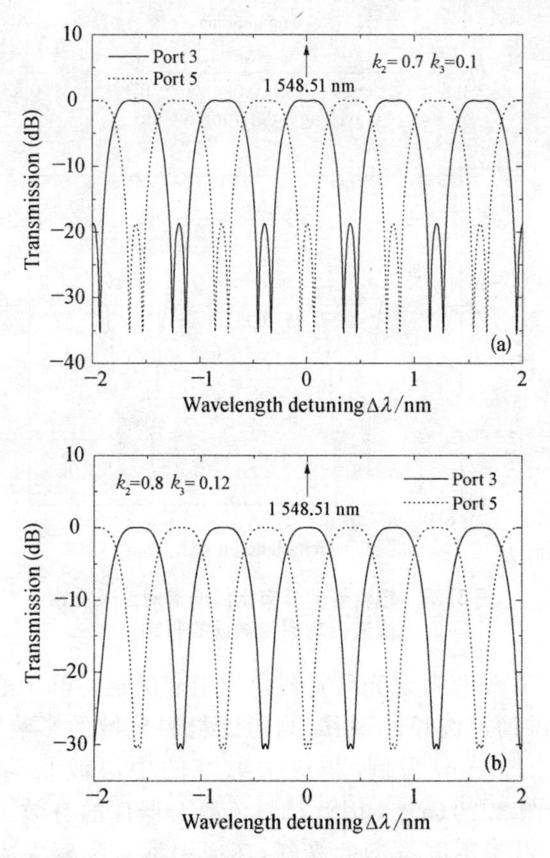

图 3.22 FIR-MZI 群组波长交错滤波器的功率传输谱(两种设计实例)

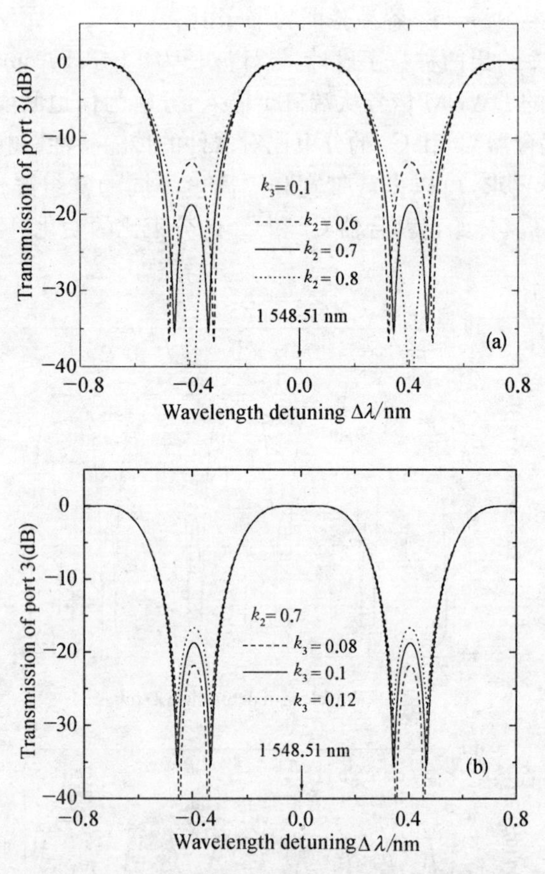

图 3.23　耦合器的分束比的调谐对波长交错滤波器功率传输谱的影响

以上计算没有考虑光纤材料色散引起的透射峰中心波长相对于 ITU 标准信道波长的漂移，当考虑材料色散的影响时，以标准信道 1 552.51 nm 为例，相应透射峰的中心波长与之偏离约 0.06 nm（图 3.24(a)），因此材料色散对器件的有效工作带宽有一定限制，对于不同类型的光纤，还应根据实际要求决定是否考虑波导色散的影响.

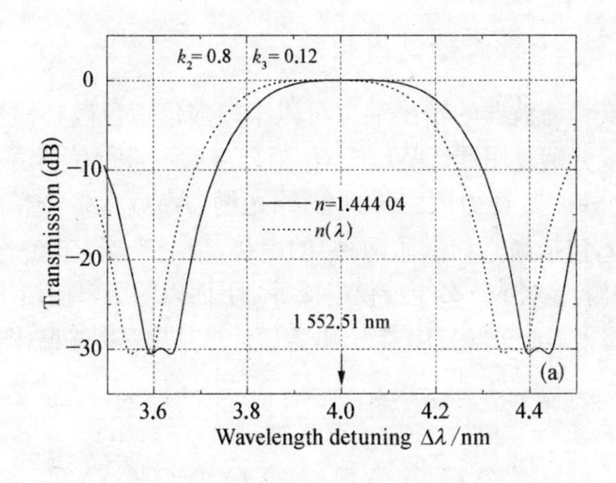

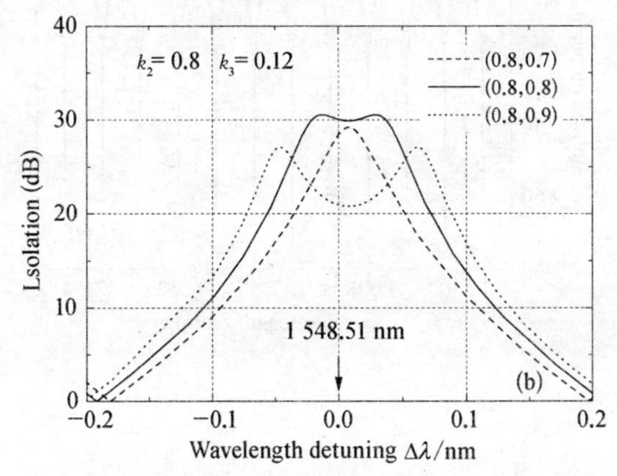

图 3.24　材料色散对器件传输特性的影响(a)；非对称传输损耗对隔离度的影响(b)

当 M-Z 干涉仪的双干涉臂的传输损耗不同时，端口 3 和端口 5 的隔离度曲线不同，以端口 3 的输出信号 1 548.51 nm 为例(如图 3.24(b))，忽略 MZI-2 的传输损耗 $t_3=t_4=1$，MZI-1 的双干涉臂的传输系数(t_1, t_2)分别取值(0.8，0.7)、(0.8，0.8)和(0.8，0.9)时，仿真结果表明：传输损耗相同时，隔离度和相应带宽均较高；反之，隔离度和带宽不能得到较好均衡.

3.3.3 密集波分复用模块

波长交错滤波器的输出端口可以串接多信道色散补偿器，也可以串接密集波分解复用器(DWDM)，信道分离后再进行单信道色散补偿. DWDM有多种实现方式：阵列波导光栅(AWG)，多个薄膜滤光片(edge filter，包括高通和低通两种)的串接，衍射光栅，二维平面光子晶体，光纤光栅，多级M-Z干涉仪串接等. 下面以四级串接结构M-Z光纤干涉仪型密集波分解复用器为例，数值计算其功率传输谱(图3.25).

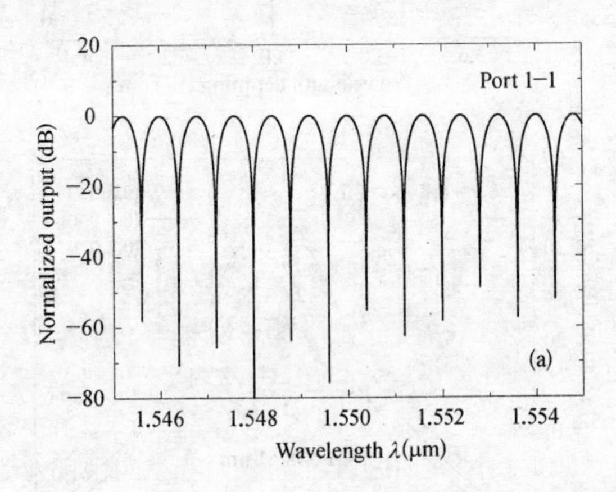

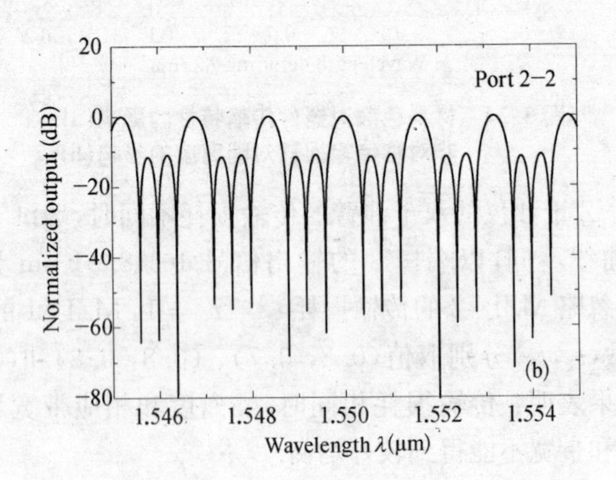

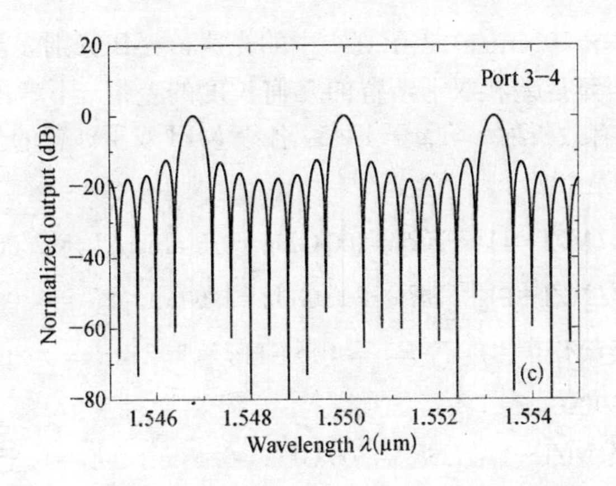

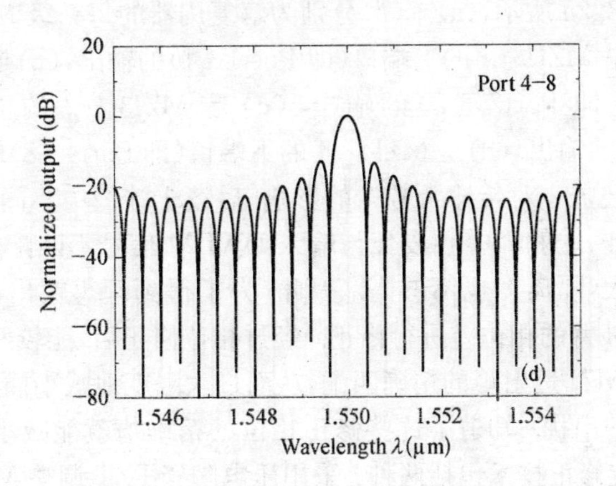

图 3.25　全光纤 4 级串接 M－Z 干涉仪型密集波分复用器的功率传输谱

该解复用器中均为宽带 3 dB 光纤耦合器(耦合器的分束比为 1∶1),为了达到波长信道解复用的目的,后一级的自由谱范围(FSR)是前一级的两倍,即 MZI 双干涉臂的光程差减半.

$$FSR=\frac{1}{\tau}=\frac{c}{n_{\text{eff}}\Delta L},\tag{3.17}$$

式中 $c = 3 \times 10^8$(m/s) 表示真空中的光速,τ、ΔL 分别表示双干涉臂中光波的群延迟差和双干涉臂的几何长度的差值. 不考虑介质波导的色散时,有效折射率 $n_{\mathrm{eff}} = 1.45$,各级 MZI 双干涉臂的几何长度差值(ΔL_i)的基准如下:

第一级(MZI-1): $FSR_1 = 100$ GHz$=0.8$ nm, $\Delta L_1 = 2.06897$ mm;

第二级(MZI-2): $FSR_2 = 200$ GHz$=1.6$ nm, $\Delta L_2 = 1.03448$ mm;

第三级(MZI-3): $FSR_3 = 400$ GHz$= 3.2$ nm $= 3.2$nm, $\Delta L_3 = 0.517241$ mm;

第四级(MZI-4): $FSR_4 = 800$ GHz$=6.4$ nm, $\Delta L_4 = 0.258621$ mm.

如图 3.25 所示,(a)～(d)分别为解复用器的每一级 MZI 的一个输出,(a)是 MZI1-1 的上端口(即 Port1-1)的输出,(b)是 MZI2-1 的下端口(即 Port2-2)的输出,(c)是 MZI3-2 的下端口(即 Port3-4)的输出,(d)是 MZI4-4 的下端口(即 Port4-8)的输出. 由于未考虑波长 λ 对传输常数 β 的影响,后续干涉级中不同 MZI 的传输特性不佳,透射峰中心波长与输入 DWDM 信号不匹配,波长信道的损耗增大,隔离度也不够高. 因此,为了得到理想输出,需要对各 MZI 双干涉臂的相位差进行修正. 经过相位修正后,能较好地保证相继熔接的 MZI 透射峰的精确匹配,从而最大限度地减小插入损耗,抑制信道间的串扰. 知道了这些修正相位的精确值就能减小工艺的盲目性. 相位修正技术包括两种: 采用压电陶瓷 PZT 调整 MZI 双干涉臂的几何长度差;用紫外激光照射干涉臂,改变波导的有效折射率(称为 trimming 技术).

下面给出四级串接 DWDM 解用器的 15 个 MZI 的双干涉臂的附加相位修正的一组参考数值: MZI1-1 ($\Delta\varphi = 0$); MZI2-1 ($\Delta\varphi = 0.5\pi$), MZI2-2($\Delta\varphi = 0$); MZI3-1 ($\Delta\varphi = 0.75\pi$), MZI3-2 ($\Delta\varphi = 0.25\pi$), MZI3-3 ($\Delta\varphi = 0.5\pi$), MZI3-4 ($\Delta\varphi = 0$); MZI4-1 ($\Delta\varphi = 0.875\pi$), MZI4-2 ($\Delta\varphi = 0.375\pi$), MZI4-3 ($\Delta\varphi = 0.625\pi$), MZI4-4($\Delta\varphi = 0.125\pi$), MZI4-5($\Delta\varphi = 0.75\pi$), MZI4-

6 ($\Delta\varphi = 0.25\pi$), MZI4 - 7 ($\Delta\varphi = 0.5\pi$), MZI4 - 8 ($\Delta\varphi = 0$).

为了清晰起见,列表如下(表中行用 m 表示,列用 n 表示):

MZI_{m-n}	1	2	3	4	5	6	7	8
1	0							
2	0.5π	0						
3	0.75π	0.25π	0.5π	0				
4	0.875π	0.375π	0.625π	0.125π	0.75π	0.25π	0.5π	0

光纤干涉仪的缺点是易受温度变化等环境因素的影响,研制抗扰动光纤和温控模块是器件实用化必须解决的问题.

3.3.4 色散补偿模块

光纤光栅和薄膜 G - T 干涉仪是两种性能较好的色散补偿器件. 要实现多信道色散补偿,需要设计并研制取样非线性啁啾光纤光栅,研制过程较为复杂. 也可以在单根光纤上连续光刻多个光纤光栅模拟分布反馈型 G - T 干涉仪. 与薄膜光学器件相比,光纤光栅插入损耗小,可供选择的调谐方案较多;不足之处是可用带宽有限,只能对有限 DWDM 波长信道进行色散补偿. 尽管紫外激光掩模板光刻技术为光纤光栅的研制奠定了较好的工艺基础,光纤光栅器件的真正实用化还有赖于更多工艺技术和相关研究的更大突破. 另外,采用光纤光栅和薄膜构成的复合型光子器件的抗扰动特性能够得到一定程度的改善.

下面采用分段均匀传输矩阵法,以升余弦切趾啁啾光纤光栅为例,数值计算色散补偿光纤光栅的功率反射谱和群延迟谱(图 3.26),设计参量见图中标注. 由于光纤光栅端面折射率突变形成的 F - P 标准具效应,群延迟谱出现规律性的抖动(b~d 局部放大),这意味着薄膜 GTI 除了可以采用分离的或叠加的双光纤光栅模拟,还可以通过调节切趾函数等参量,增强 F - P 效应,实现多信道色散补偿.

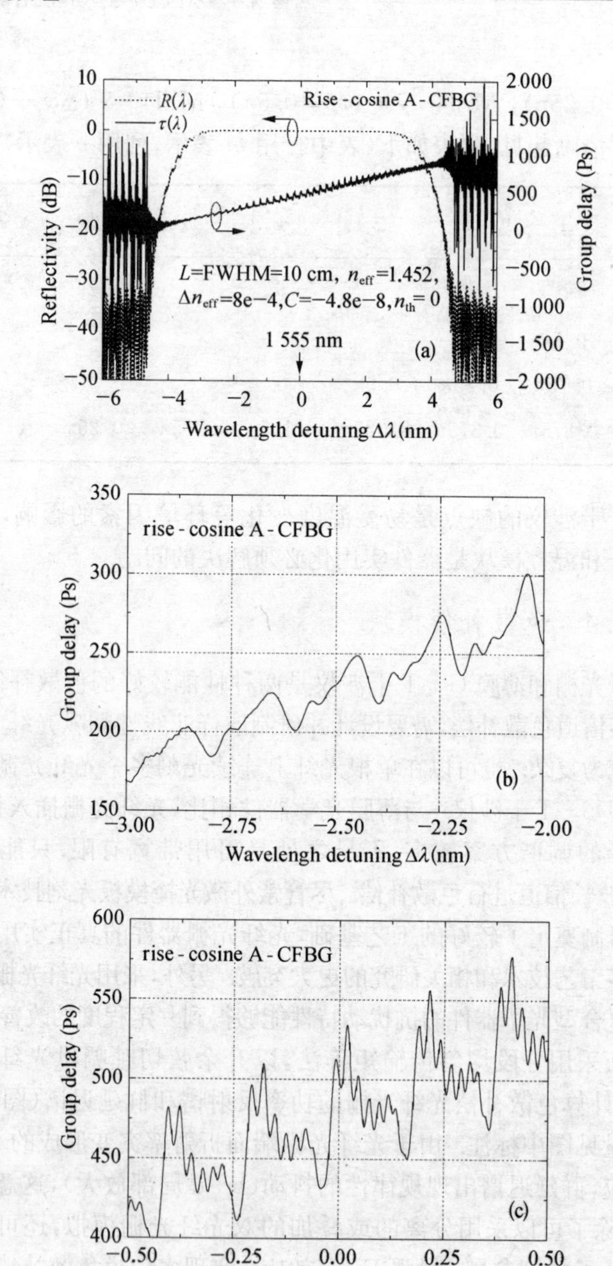
R(λ)
τ(λ)
Rise - cosine A - CFBG
Reflectivity (dB)
Group delay (Ps)
L=FWHM=10 cm, n_eff=1.452,
Δn_eff=8e−4, C=−4.8e−8, n_th= 0
1 555 nm
(a)
Wavelength detuning Δλ(nm)
rise - cosine A - CFBG
Group delay (Ps)
(b)
Wavelengh detuning Δλ(nm)
rise - cosine A - CFBG
Group delay (Ps)
(c)
Wavelength detuning Δλ(nm)

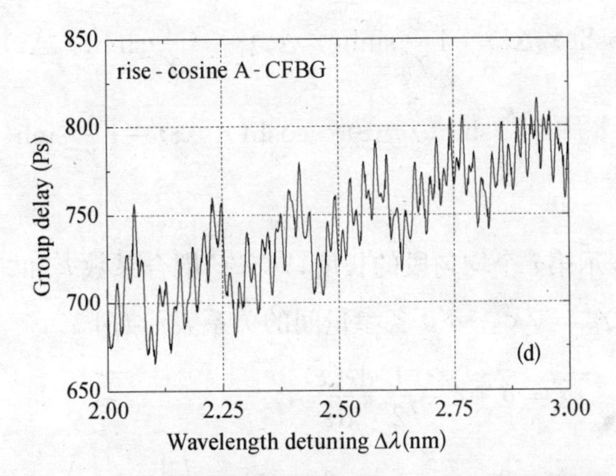

图 3.26　升余弦切趾啁啾光纤 Bragg 光栅的反射谱和群延迟谱(a)，群延迟谱的局部放大(b～d)

光纤 Bragg 光栅的折射率沿纵向的分布函数：

$$n(z)=n_{\mathrm{eff}}\left\{1+n_{\mathrm{th}}\frac{\delta n_{\mathrm{eff}}(z)}{n_{\mathrm{eff}}}+\nu\frac{\delta n_{\mathrm{eff}}(z)}{n_{\mathrm{eff}}}\cos\left[\frac{2\pi}{\Lambda}z+\phi(z)\right]\right\},\tag{3.18}$$

式中 z 是位置参量，表示光纤光栅上任意位置与输入端的距离；n_{eff} 表示有效折射率；ν 表示条纹可见度；Λ 代表光栅周期；$\phi(z)$ 表示相位啁啾；切趾函数 $\delta n_{\mathrm{eff}}(z)=\bar{\delta n}_{\mathrm{eff}}f(z)$，$f(z)$ 是归一化函数；偏置参量 n_{eff} 满足关系 $|n_{\mathrm{eff}}|\leqslant\nu$.

切趾啁啾光纤 Bragg 光栅的特性有多种分析方法. 以传输矩阵法为例[112]，把光栅沿纵向分为许多均匀小段，每一段用一个矩阵表示，矩阵依次相乘，在考虑边界条件的情形下得到器件的传输特性. 每一个均匀段中前向传输光场 R 和后向传输光场 S 满足以下关系：

$$\begin{bmatrix}R_i\\S_i\end{bmatrix}=F_i\begin{bmatrix}R_{i-1}\\S_{i-1}\end{bmatrix}.\tag{3.19}$$

对 Bragg 光纤光栅来说，矩阵 F_i^B 表示如下

$$F_i^B = \begin{bmatrix} \cosh(\gamma_B \Delta z) - \mathrm{i}\,\frac{\hat{\sigma}}{\gamma_B}\sinh(\gamma_B \Delta z) & -\mathrm{i}\,\frac{\kappa}{\gamma_B}\sinh(\gamma_B \Delta z) \\ \mathrm{i}\,\frac{\kappa}{\gamma_B}\sinh(\gamma_B \Delta z) & \cosh(\gamma_B \Delta z) + \mathrm{i}\,\frac{\hat{\sigma}}{\gamma_B}\sinh(\gamma_B \Delta z) \end{bmatrix}, \tag{3.20}$$

式中 ΔZ 表示第 i 个均匀段的长度,"交流"耦合系数 κ 和"直流"自耦合系数 $\hat{\sigma}$, $\gamma_B = \sqrt{\kappa^2 - \hat{\sigma}^2}$, 各参量间的关系表示如下:

$$\begin{aligned} \hat{\sigma} &= \delta + \sigma - \frac{1}{2}\frac{\mathrm{d}\phi(z)}{\mathrm{d}z}, \\ \delta &= \beta - \frac{\pi}{\Lambda} = \beta - \beta_D = 2\pi n_{\mathrm{eff}}\left(\frac{1}{\lambda} - \frac{1}{\lambda_D}\right), \\ \sigma &= \frac{2\pi}{\lambda} n_{\mathrm{th}} \bar{\delta} n_{\mathrm{eff}} f(z), \\ \kappa(z) &= \frac{\pi}{\lambda}\nu\, \delta n_{\mathrm{eff}} f(z), \\ \frac{\mathrm{d}\phi(z)}{\mathrm{d}z} &= -\frac{8\pi n_{\mathrm{eff}}}{\lambda_B^2}\frac{\mathrm{d}\lambda_B}{\mathrm{d}z}. \end{aligned} \tag{3.21}$$

周期为 Λ 的无限弱 ($\delta n_{\mathrm{eff}} \to 0$) 光纤光栅的设计波长 $\lambda_D = 2n_{\mathrm{eff}}\Lambda$, 相位啁啾项 $\mathrm{d}\phi/\mathrm{d}z$ 中 $\mathrm{d}\lambda_B/\mathrm{d}z$ 描述 Bragg 波长沿光栅纵向的变化.

3.3.5 信道监测模块

法布里-帕罗干涉仪(F-P)是一种常见的光谱分析器件[113],一般采用双反射镜构成,反射率 R 影响传输谱的精细度(通带宽度/自由谱范围 FSR),R 越大,透射峰的带宽越窄,干涉条纹的可见度越大(如图 3.27 所示). 以双平面镜构成的 F-P 为例,反射光强分布 I_r/I_0 和透射光强分布 I_t/I_0 分别表示为:

$$\begin{aligned} I_t/I_0 &= (1 + 4R/(1-R)^2 \sin^2(\delta/2))^{-1}, \\ I_r/I_0 &= 1 - I_t/I_0. \end{aligned} \tag{3.22}$$

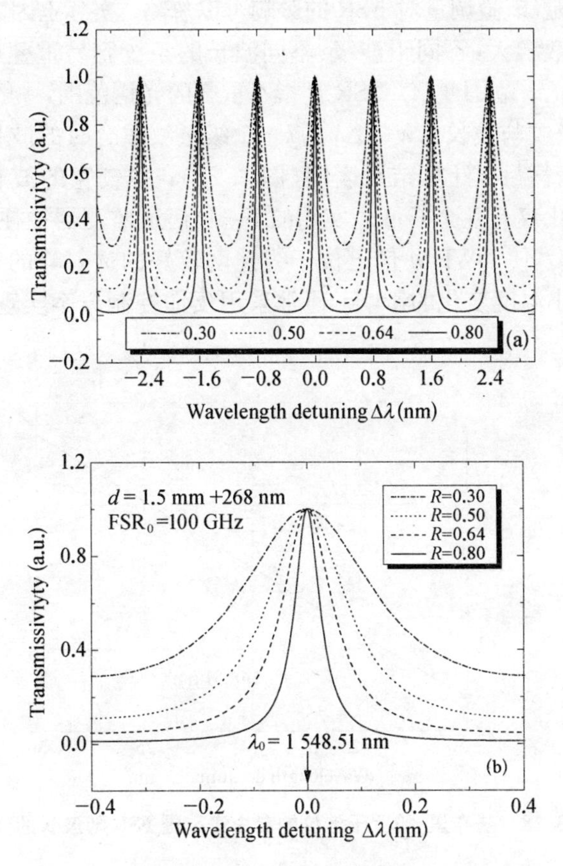

图 3.27　法布里-帕罗(F－P)干涉仪型 DWDM 信道监测器的传输特性(a)和局部放大(b)

式中镜面的反射率 $R=r^2$，相邻两束光的相位差 $\delta=(2\pi/\lambda)2d\cos\theta$，$d$ 和 r 分别表示腔长和镜面的反射系数，θ 是光波在 F－P 腔内的折射角. 对于腔内介质为空气的 F－P 干涉仪，往往利用 $nd=c/FSR$ 得到 d，例如 $FSR=100\,\text{GHz}$，则 $d=1.5\,\text{mm}$，此时透射峰的中心波长与 ITU 标准 DWDM 信道波长往往不匹配，需要对腔长进行微调，计算表明当 $d=1.5\,\text{mm}\sim268\,\text{nm}$ 时，标准信道 1 548.51 nm 与透射峰的中心匹配,该微调量对 FSR 的影响可以忽略. 实际上因为 F-P 干涉仪的色散增大,不同干涉级、不同波长的条纹容易重叠,从而使互不重叠的光谱范围变窄. FSR 是指不重叠的光谱范围,一般以波长为 λ 的 k 级条纹与波长为 $\lambda+\Delta\lambda$ 的 $k-1$ 级条纹重合时的波长差 $\Delta\lambda=\lambda^2/(2d)$ 来衡量. 计算结果表明(图 3.28):在较宽的波长范围内, FSR 的变化仅有几个 GHz. 实用的 F-P 信道监测器往往采用 R 偏小的反射镜,使 DWDM 信道位于线性度较好的透射峰的下降沿,从而可以减小温度变化的影响. 通常采用反馈控制方案实现智能化信道监测.

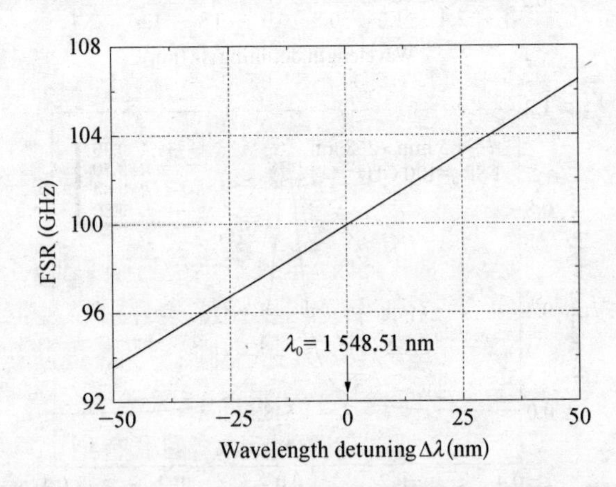

图 3.28　法布里-帕罗干涉仪的自由谱范围 FSR 随波长的变化

3.4　本章小结

本章内容主要由三部分组成:多功能双环谐振光学梳状滤波器;由 M-Z 光纤干涉仪与薄膜 GTI-OAPF 组合成的无限冲击响应型波长交错滤波器;基于 3×3 光纤定向耦合器的多功能组合模块. 重点突出了以下两点:多端口光纤耦合器在 Interleaver 器件结构中的灵活应用;多功能滤波器件的两种不同实现形式(多工单元器件,多工组合器件). 从内容来看,既是第二章的补充(光学全通滤波器在改善带通滤波器频谱特性方面的应用),又是向第四章的过渡(多波导定向耦合器). 本章的写作特点是以数理模型为基础,对其传输特性进行数值仿真和分析讨论.

今后将要开展的研究工作：干涉型光纤器件的抗扰动性的增强机理和相关技术;尝试采用多芯光纤和光子晶体光纤设计小型化、多功能、性能可靠的新型光学滤波器;多端口光纤耦合器在混沌保密光通信等系统中的应用.

第四章　多波导定向耦合器

引言

密集波分复用光纤通信网的迅速发展为光通信及相关产业提供了良好的发展机遇. 作为一类重要的光子器件,多波导与多光纤定向耦合器在光通信和光传感领域得到了广泛应用,例如: 光功率分束器[114, 115]、孤子光开关[116, 117]、群组波长交错滤波器[83, 118]和多芯光纤激光器等新型有源和无源光子器件[119, 120].

在光波导理论中,求解多波导耦合系统的耦合模方程是非常重要的,许多科研人员曾经作过大量研究,并取得了许多重要的研究成果,例如: 光波导耦合模理论的创新性研究[121~126];耦合模方程的求解方法(点匹配法[127]、圆谐波展开法[128]、变分法和改进的高斯法[129, 130])等. 耦合系数与波导参量间的关系在许多论文中涉及[126, 129],本章没有开展这方面的研究.

为了更好地理解波导耦合模理论(CMT),有必要对波导 CMT 研究的历史背景作一简要回顾[121, 122]. 1972 年 Synder 基于麦克斯韦方程导出适合分析光纤中波传输问题的耦合模方程的数学形式,讨论了弱扰动和强扰动解. 包括 n 个相同光纤组成的线形分布、环形分布及环夹心结构波导阵列. 至于耦合模理论的物理实质,黄伟平教授指出: 耦合波导系统的常规耦合模理论简单直观,数学表示形式具有一般性,弱耦合和功率正交的假设是其适用的前提条件[122]. 各种波导定向耦合器的理论分析可参阅文献[131~137].

Chebyshev 多项式作为一种非常有用的数学工具,主要用于滤波器设计、信号控制等领域,很少用于光波导的理论分析[138, 139],据我们所知，Mehrany 和 Rashdian 在多项式展开法构造分层波导本征模场的研究中提及 Chebyshev 多项式[139].

本章研究的多波导耦合系统的耦合模方程属于标量、弱耦合和功率正交耦合模方程，术语“弱耦合”与“强耦合”只是为了区分考虑和不考虑非相邻波导之间耦合两种情形，与常规耦合模理论并不矛盾. 首次采用 Chebyshev 多项式作为多波导耦合系统的正交基，给出线形分布和环形分布、“弱耦合”与“强耦合”多波导耦合系统的通解，并通过实例分析予以证明[140～142].

本章研究内容主要由两部分组成：第 1 部分是多波导耦合系统耦合模方程的 Chebyshev 解；第 2 部分是一种新型熔锥光纤耦合器的功率耦合特性的研究.

在第 1 部分中，首先采用第一类和第二类 Chebyshev 多项式，分别得到线形分布和环形分布“弱耦合”多波导耦合系统耦合模方程的解析解. 然后，采用推广的 Chebyshev 多项式，得到形式上与“弱耦合”相同的“强耦合”系统耦合模方程的解析解. 最后，通过具体的实例分析，验证了这种方法的有效性，并与其他作者的研究结果进行了比较.

在第 2 部分中，采用简化模型研究新型 2×6 面阵结构熔锥光纤耦合器. 采用线性方程组的常规求解方法和数学变换技巧，得到组合波导系统的本征模的传输常数和模场分布；给出耦合区内各光纤中的模场分布；数值研究了模场的功率耦合特性，找到了等功率点，并与许强的实验结果进行了比较.

4.1 采用常规 Chebyshev 多项式得到的“弱耦合”定向耦合器的通解

4.1.1 “弱耦合”线形排列定向耦合器耦合模方程的通解

如图 4.1 所示，该定向耦合器由 $(N+1)$ 个均匀分布的相同单模

波导并行排列组成. 在弱耦合、无损耗、忽略非相邻波导耦合和偏振耦合的前提条件下,耦合模方程可以写为:

$$\frac{\partial \mu_i}{\partial z} = \mathrm{j}\,\frac{K}{2}\mu_{j-1} + \mathrm{j}\,\frac{K}{2}\mu_{i+1},\ 0 < i < N,$$

$$\frac{\partial \mu_0}{\partial z} = \mathrm{j}\,\frac{K}{2}\mu_1, \tag{4.1}$$

$$\frac{\partial \mu_N}{\partial z} = \mathrm{j}\,\frac{K}{2}\mu_{N-1}.$$

式中 $K/2$ 代表相邻波导间的耦合系数, μ_i 表示第 i 个波导中的模场分布.

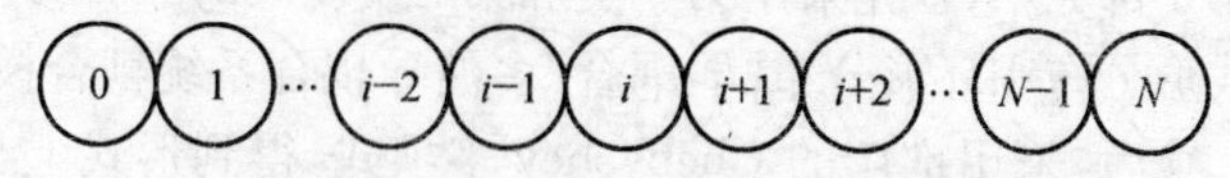

图 4.1 线形排列定向耦合器的结构简图

在弱导近似下,模场的传输常数可以表示为 $\beta = k_0 n_{\mathrm{eff}} \approx k_0 n_{co}$, 参量 k_0 和 n_{eff} 分别表示光波在真空中的波数和导模的有效折射率,参量 n_{co} 表示光纤的纤芯或平面波导中传输波导的折射率.

假定 $\mu_i = \Phi_i(\beta/K)\exp[\mathrm{j}\,\beta(z - ct/n_{co})]$, 式中 $\mathrm{j}^2 = -1$. 如果忽略相位因子中的时间相关项,则模场 μ_i 进一步简化为 $\mu_i = \Phi_i(\beta/K)\exp(\mathrm{j}\,\beta z)$. 再令 $x = \beta/K$, 方程组(4.1)变换成以下形式:

$$2x\Phi_i(x) = \Phi_{i-1}(x) + \Phi_{i+1}(x),\ i = 1, \cdots, N-1,$$

$$2x\Phi_0(x) = \Phi_1(x), \tag{4.2}$$

$$2x\Phi_N(x) = \Phi_{N-1}(x).$$

方程组中 $\Phi_i(x)$ 的解可以由第二类 Chebyshev 多项式表示. 第二类 Chebyshev 多项式定义如下[143]:

$$\Phi_n(x_m)=\sqrt{\frac{2}{N+2}}\sin[(n+1)\varphi_m],$$

$$\varphi_m=\frac{m\pi}{N+2}, \tag{4.3}$$

$$x_m=\beta_m/K=\cos\varphi_m,$$

$$n=0,\cdots,N,m=1,\cdots,N+1.$$

容易证明 $\Phi_n(x_m)$能够用来得到方程组(4.2)的通解. 对于 $\varphi=\varphi_m$，$\Phi_n(x_m)$满足方程组(4.2)，且 $\sin[(N+2)\varphi_m]=0$. 因此，$2x_m\Phi_N(x_m)=\sqrt{\frac{2}{N+2}}\sin(N\varphi_m)=\Phi_{N-1}(x_m)$. $\Phi_n(x_m)$构成一个完备正交基，满足以下正交归一关系(详细证明见附录 A)：

$$\sum_{m=1}^{N+1}\Phi_k(x_m)\Phi_l(x_m)=\delta_{k,l},$$

$$\sum_{n=0}^{N}\Phi_n(x_m)\Phi_n(x_l)=\delta_{m,l}. \tag{4.4}$$

如果本征值 x_m 互不相同，我们可以用本征解 $\mu_n(x_m)=\Phi_n(x_m)\exp(\mathrm{j}\,x_m\tau)$ 构造解矩阵：

$$X(\tau)=\begin{pmatrix}\Phi_0(x_1)\exp(\mathrm{j}\,x_1\tau) & \cdots & \Phi_0(x_{N+1})\exp(\mathrm{j}\,x_{N+1}\tau)\\ \vdots & & \vdots\\ \Phi_N(x_1)\exp(\mathrm{j}\,x_1\tau) & \cdots & \Phi_N(x_{N+1})\exp(\mathrm{j}\,x_{N+1}\tau)\end{pmatrix} \tag{4.5}$$

式中 $\tau=Kz$，通解 $\mu(\tau)$可以写为

$$\mu(\tau)=X(\tau)\begin{pmatrix}\sum_{l=0}^{N}c_l\Phi_l(x_1)\\ \sum_{l=0}^{N}c_l\Phi_l(x_2)\\ \vdots\\ \sum_{l=0}^{N}c_l\Phi_l(x_{N+1})\end{pmatrix}=\begin{pmatrix}\sum_{m=1}^{N+1}\sum_{l=0}^{N}c_l\Phi_l(x_m)\Phi_0(x_m)\exp(\mathrm{j}\,x_m\tau)\\ \sum_{m=1}^{N+1}\sum_{l=0}^{N}c_l\Phi_l(x_m)\Phi_1(x_m)\exp(\mathrm{j}\,x_m\tau)\\ \vdots\\ \sum_{m=1}^{N+1}\sum_{l=0}^{N}c_l\Phi_l(x_m)\Phi_N(x_m)\exp(\mathrm{j}\,x_m\tau)\end{pmatrix},\tag{4.6}$$

当 $\tau\to 0$ 时，相应于耦合区的起始点，应用正交归一关系(4.4)，$\mu(\tau)$转变为：

$$\mu(0)=[c_0,\,c_1,\,\cdots,\,c_N]^{\mathrm{T}},\tag{4.7}$$

式中 $c_i(i=0,\,1,\,\cdots,\,N)$ 是 $(N+1)\times(N+1)$ 定向耦合器 $N+1$ 个输入端口中解 $\mu(\tau)$的初始值. 事实上，方程组(4.6)可以准确地写为 $\mu(\tau)=X(\tau)X^{-1}(0)\mu(0)$，其中

$$X^{-1}(0)\mu(0)=\begin{pmatrix}\Phi_0(x_1) & \Phi_1(x_1) & \cdots & \Phi_N(x_1)\\ \Phi_0(x_2) & \Phi_1(x_2) & \cdots & \Phi_N(x_2)\\ \vdots & \vdots & & \vdots\\ \Phi_0(x_{N+1}) & \Phi_1(x_{N+1}) & \cdots & \Phi_N(x_{N+1})\end{pmatrix}\begin{pmatrix}c_0\\ c_1\\ \vdots\\ c_N\end{pmatrix}$$

$$=\begin{pmatrix}\sum_{l=0}^{N}c_l\Phi_l(x_1)\\ \sum_{l=0}^{N}c_l\Phi_l(x_2)\\ \vdots\\ \sum_{l=0}^{N}c_l\Phi_l(x_{N+1})\end{pmatrix},\tag{4.8}$$

或写为 $\mu(\tau)=X(\tau)X^{-1}(0)\mu(0)=R(\tau)\mu(0)$,

$$R(\tau)=\begin{bmatrix} \sum_m \Phi_0^2(x_m)\exp(\mathrm{j}\,x_m\tau) & \sum_m \Phi_0(x_m)\Phi_1(x_m)\exp(\mathrm{j}\,x_m\tau) & \cdots & \sum_m \Phi_0(x_m)\Phi_N(x_m)\exp(\mathrm{j}\,x_m\tau) \\ \sum_m \Phi_1(x_m)\Phi_0(x_m)\exp(\mathrm{j}\,x_m\tau) & \sum_m \Phi_1^2(x_m)\exp(\mathrm{j}\,x_m\tau) & \cdots & \sum_m \Phi_1(x_m)\Phi_N(x_m)\exp(\mathrm{j}\,x_m\tau) \\ \vdots & \vdots & & \vdots \\ \sum_m \Phi_N(x_m)\Phi_0(x_m)\exp(\mathrm{j}\,x_m\tau) & \sum_m \Phi_N(x_m)\Phi_1(x_m)\exp(\mathrm{j}\,x_m\tau) & \cdots & \sum_m \Phi_N^2(x_m)\exp(\mathrm{j}\,x_m\tau) \end{bmatrix}, \tag{4.9}$$

$R(\tau)$ 表示定向耦合器的传输矩阵，矩阵元 $R_{n,l}=\sum_m \Phi_{n-1}(x_m)\Phi_{l-1}(x_m)\exp(jx_m\tau)$.

4.1.2 “弱耦合”环形排列定向耦合器耦合模方程的通解

如图 4.2 所示，环形排列定向耦合器由均匀分布的($N+1$)个相同单模波导组成，在弱耦合、无损耗、忽略非相邻波导耦合和偏振耦合的假设下，耦合模方程可以写为：

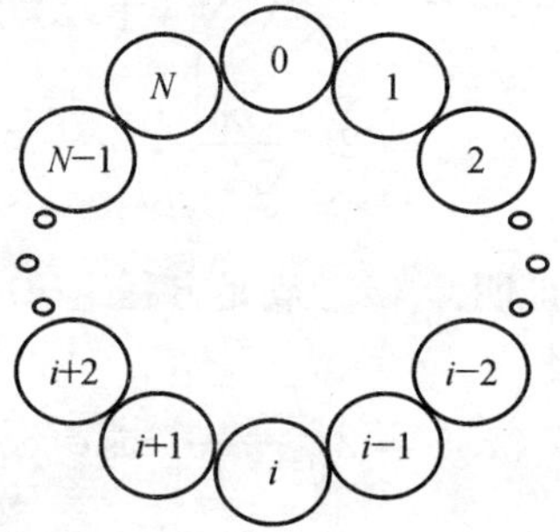

图 4.2 环形排列定向耦合器的结构简图

$$\frac{\partial \mu_i}{\partial z} = \mathrm{j}\,\frac{K}{2}\mu_{i-1} + \mathrm{j}\,\frac{K}{2}\mu_{i+1},\ 0 < i < N,$$

$$\frac{\partial \mu_0}{\partial z} = \mathrm{j}\,\frac{K}{2}\mu_1 + \mathrm{j}\,\frac{K}{2}\mu_N, \tag{4.10}$$

$$\frac{\partial \mu_N}{\partial z} = \mathrm{j}\,\frac{K}{2}\mu_0 + \mathrm{j}\,\frac{K}{2}\mu_{N-1}.$$

式中 $K/2$ 代表相邻波导间的耦合系数,μ_i 表示第 i 个波导中的模场.假定 $\mu_i = \Phi_i(\beta/K)\exp(j\beta z)$,代入方程组(4.10),得到:

$$2x\Phi_i(x) = \Phi_{i-1}(x) + \Phi_{i+1}(x),\ 0 < i < N,$$

$$2x\Phi_0(x) = \Phi_1(x) + \Phi_N(x), \tag{4.11}$$

$$2x\Phi_N(x) = \Phi_0(x) + \Phi_{N-1}(x).$$

方程组的解 $\Phi_i(x)$ 可以由第一类 Chebyshev 多项式表示. 第一类 Chebyshev 多项式定义如下[143]:

$$\Phi_n(x_m) = \sqrt{\frac{2}{N+1}}\cos(n\varphi_m),\ m \neq 0,\ 0 \leqslant n \leqslant N,$$

$$\Phi_n(x_0) = \sqrt{\frac{1}{N+1}},\ x_m = \beta_m/K = \cos\varphi_m, \tag{4.12}$$

$$\varphi_m = 2\pi\frac{m}{N+1},\ m = 0,\ \cdots,\ N.$$

容易证明 $\Phi_n(x_m)$ 满足方程组(4.11),证明如下:

$$2x_m\Phi_n(x_m) = 2\sqrt{\frac{2}{N+1}}\cos\varphi_m\cos(n\varphi_m)$$

$$= \Phi_{n+1}(x_m) + \Phi_{n-1}(x_m),\ 0 < n < N,$$

$$2x_m\Phi_0(x_m)=2\sqrt{\frac{2}{N+1}}\cos\varphi_m=\sqrt{\frac{2}{N+1}}[\cos\varphi_m+\cos(N\varphi_m)]$$

$$=\Phi_1(x_m)+\Phi_N(x_m),$$

$$2x_m\Phi_N(x_m)=2\sqrt{\frac{2}{N+1}}\cos\varphi_m\cos(N\varphi_m)=\Phi_{N-1}(x_m)+\Phi_0(x_m).\tag{4.13}$$

可以证明 $\Phi_n(x_m)$构成一个完备正交基(详见附录 B). 方程组的求解取决于本征值是否简并,如果本征值是不简并的,即 $x_m=\cos\varphi_m$ 互不相同,我们发现解矩阵 $x(\tau)$与 (4.5) 式相似;如果本征值是简并的,应该采用改进的方法求解,详见后续章节.

4.2 采用推广的 Chebyshev 多项式得到的"强耦合"定向耦合器的通解

4.2.1 "强耦合"环形排列定向耦合器耦合模方程的通解

"强耦合"环形排列定向耦合器的结构如图 4.2 所示,与"弱耦合"相比,考虑了非相邻波导之间的模场耦合. 不失一般性,在考虑次相邻波导中模场耦合的情形下,耦合模方程可以写为:

$$\frac{\partial\tilde{\mu}_i}{\partial z}=\mathrm{j}\,\frac{K}{2}(\tilde{\mu}_{i-1}+\tilde{\mu}_{i+1})+\mathrm{j}\,\frac{K'}{2}(\tilde{\mu}_{i-2}+\tilde{\mu}_{i+2}),\ 2\leqslant i\leqslant N-2,$$

$$\frac{\partial\tilde{\mu}_0}{\partial z}=\mathrm{j}\,\frac{K}{2}(\tilde{\mu}_N+\tilde{\mu}_1)+\mathrm{j}\,\frac{K'}{2}(\tilde{\mu}_{N-1}+\tilde{\mu}_2),$$

$$\frac{\partial\tilde{\mu}_1}{\partial z}=\mathrm{j}\,\frac{K}{2}(\tilde{\mu}_0+\tilde{\mu}_2)+\mathrm{j}\,\frac{K'}{2}(\tilde{\mu}_N+\tilde{\mu}_3),$$

$$\frac{\partial \tilde{\mu}_N}{\partial z} = \mathrm{j}\,\frac{K}{2}(\tilde{\mu}_{N-1} + \tilde{\mu}_0) + \mathrm{j}\,\frac{K'}{2}(\tilde{\mu}_{N-2} + \tilde{\mu}_1),$$

$$\frac{\partial \tilde{\mu}_{N-1}}{\partial z} = \mathrm{j}\,\frac{K}{2}(\tilde{\mu}_{N-2} + \tilde{\mu}_N) + \mathrm{j}\,\frac{K'}{2}(\tilde{\mu}_{N-3} + \tilde{\mu}_0). \tag{4.14}$$

式中 $\tilde{\mu}_i$ 表示第 i 个波导中的导模，$K/2$ 和 $K'/2$ 分别表示相邻波导间以及次相邻波导间的耦合系数，定义新参量 γ(相对耦合系数)，使其满足关系 $K' = \gamma K$.

令 $\tilde{\mu}_i = \tilde{\Phi}_i(\beta'/K)\exp(\mathrm{j}\,\beta' z)$，$x' = \beta'/K$，$\beta'$ 表示导模的传输常数，x' 表示以耦合系数 K 为单位的归一化传输常数. 代入方程(4.14)简化为：

$$\begin{aligned}
2x'\tilde{\Phi}_i(x') &= \tilde{\Phi}_{i-1}(x') + \tilde{\Phi}_{i+1}(x') + \gamma[\tilde{\Phi}_{i-2}(x') + \tilde{\Phi}_{i+2}(x')], \\
&\qquad 2 \leqslant i \leqslant N-2, \\
2x'\tilde{\Phi}_0(x') &= \tilde{\Phi}_N(x') + \tilde{\Phi}_1(x') + \gamma[\tilde{\Phi}_{N-1}(x') + \tilde{\Phi}_2(x')], \\
2x'\tilde{\Phi}_1(x') &= \tilde{\Phi}_0(x') + \tilde{\Phi}_2(x') + \gamma[\tilde{\Phi}_N(x') + \tilde{\Phi}_3(x')], \\
2x'\tilde{\Phi}_N(x') &= \tilde{\Phi}_{N-1}(x') + \tilde{\Phi}_0(x') + \gamma[\tilde{\Phi}_{N-2}(x') + \tilde{\Phi}_1(x')], \\
2x'\tilde{\Phi}_{N-1}(x') &= \tilde{\Phi}_{N-2}(x') + \tilde{\Phi}_N(x') + \gamma[\tilde{\Phi}_{N-3}(x') + \tilde{\Phi}_0(x')].
\end{aligned} \tag{4.15}$$

当 $\gamma = 0$ 时，(4.15)相应于“弱耦合”定向耦合器的耦合模方程，可以由常规 Chebyshev 多项式得到精确解. 相反，当 $\gamma \neq 0$ 时，不能由常规 Chebyshev 多项式得到精确解，必须推广其定义，使其适合“强耦合”定向耦合器耦合模方程的求解. 第二类推广的 Chebyshev 多项式定义如下：

$$\tilde{\Phi}_n(x'_m) = \sqrt{\frac{2}{N+1}}\cos(n\varphi_m), \quad 0 \leqslant n \leqslant N,$$

$$x'_m = \cos\varphi_m + \gamma\cos(2\varphi_m),$$

$$\varphi_m = 2\pi m/(N+1),\ m = 0,\ 1,\ 2,\ \cdots,\ N. \tag{4.16}$$

不难证明(4.16)是(4.15)的解,定义式的推广体现在新增加的第二项 x'_m. $\gamma = 0$ 时变换为常规 Chebyshev 多项式.

4.2.2 推广的 Chebyshev 多项式的特性分析

为了区分常规 Chebyshev 多项式和推广的 Chebyshev 多项式,我们首先研究两者与参量 x 的依赖关系. 对于常规 Chebyshev 多项式 $\Phi_n(x)$,

$$x = \cos\varphi,\ \Phi_n(x) = \cos(n\varphi) = \cos(n\cos^{-1}x) \tag{4.17}$$

对于推广的 Chebyshev 多项式 $\widetilde{\Phi}_n(x)$,

$$x = \cos\varphi' + \gamma\cos(2\varphi') = \cos\varphi' + \gamma(2\cos^2\varphi' - 1),$$

$$\cos\varphi' = -1/4\gamma + \sqrt{(1/4\gamma)^2 + (\gamma + x)/2\gamma} = f(x), \tag{4.18}$$

$$\widetilde{\Phi}_n(x) = \cos(n\varphi') = \cos[n\cos^{-1}f(x)].$$

很明显,函数 $f(x)$ 包含相对耦合系数 $\gamma = K'/K$ 和变量 x. 当 $\gamma \to 0$ 时,$f(x) \to x$,于是推广的 Chebyshev 多项式 $\widetilde{\Phi}_n(x)$ 演化为常规 Chebyshev 多项式 $\Phi_n(x)$.

图 4.3 数值计算了“弱耦合”和“强耦合”两种情形 $\Phi_n(x)$ 随 x 的变化. 图 4.4 数值计算了参量 γ 的变化对 $\widetilde{\Phi}_n(x)$ 的影响. 由图可见,当考虑非相邻波导间的模场耦合时,本征函数也相应发生变化. 而且,相对耦合系数 γ 越大,本征函数曲线的变化越明显.

当考虑更多的非相邻波导间的模场耦合时,$x = \cos\varphi' + \gamma\cos(2\varphi')$ 可以推广为以下更为复杂的数学形式:$x^{(n+1)} = \cos\varphi + \gamma_1\cos(2\varphi) + \cdots + \gamma_{n-1}\cos(n\varphi) + \gamma_n\cos(n+1)\varphi$,具体解释和计算过程类似于 4.3.1 节.

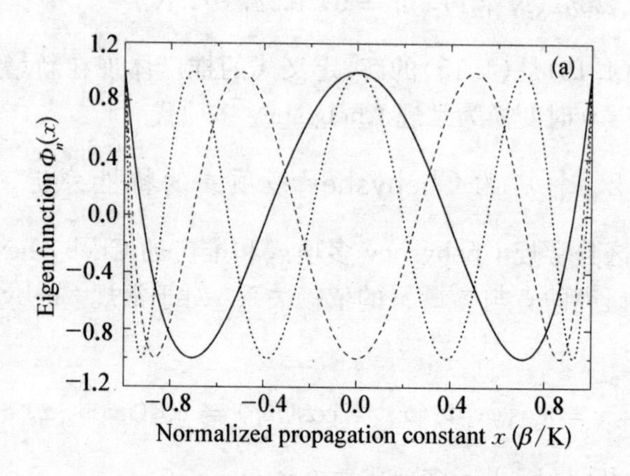

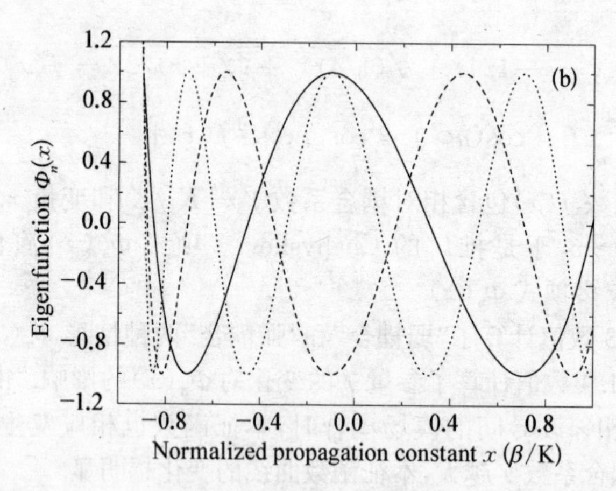

(a) 弱耦合 $\gamma=0$；(b) 强耦合 $\gamma=0.1$，$n=4$(实线)，$n=6$(虚线)，$n=8$（点线）

图 4.3　环形分布定向耦合器的本征函数 $\Phi_n(x)$ 随归一化传输常数 x 的变化

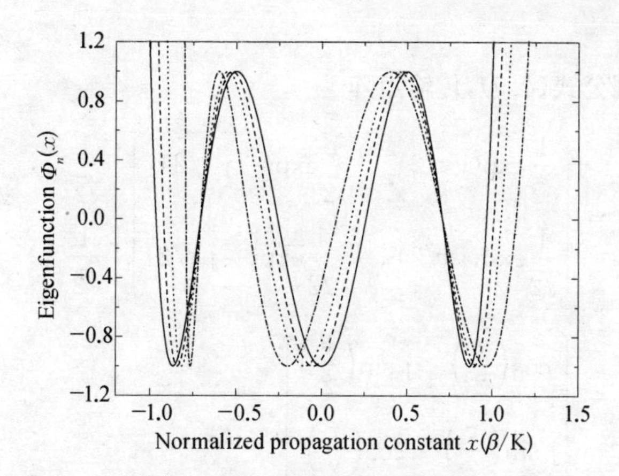

图 4.4　强耦合环形分布定向耦合器的本征函数 $\Phi_n(x)$ 随归一化传输常数 x 的变化，$n=6$，$\gamma=0$（实线），$\gamma=0.005$（虚线），$\gamma=0.1$（点划线），$\gamma=0.2$（虚点划线）

4.3　实例分析

4.3.1　“弱耦合”线形排列定向耦合器

(1) 线形排列 2×2 定向耦合器

根据公式(4.3)，线形分布 2×2 定向耦合器($N=1$)的本征值为：

$$x_m = \cos\varphi_m = \cos\frac{m\pi}{3},\ m = 1,\ 2,$$
$$x_1 = \cos\frac{\pi}{3} = \frac{1}{2},\ x_2 = \cos\frac{2\pi}{3} = -\frac{1}{2} \tag{4.19a}$$

相应的本征函数为：

$$\Phi_0(x_1) = \frac{1}{\sqrt{2}},\ \Phi_0(x_2) = \frac{1}{\sqrt{2}},$$
$$\Phi_1(x_1) = \frac{1}{\sqrt{2}},\ \Phi_1(x_2) = -\frac{1}{\sqrt{2}}. \tag{4.19b}$$

因此，根据公式(4.9)，传输矩阵

$$R(\tau)=\begin{pmatrix}\frac{1}{\sqrt{2}}\exp(\mathrm{j}\ \tau/2) & \frac{1}{\sqrt{2}}\exp(-\mathrm{j}\ \tau/2)\\ \frac{1}{\sqrt{2}}\exp(\mathrm{j}\ \tau/2) & -\frac{1}{\sqrt{2}}\exp(-\mathrm{j}\ \tau/2)\end{pmatrix}\begin{pmatrix}\frac{1}{\sqrt{2}} & \frac{1}{\sqrt{2}}\\ \frac{1}{\sqrt{2}} & -\frac{1}{\sqrt{2}}\end{pmatrix}$$

$$=\begin{pmatrix}\cos\left(\frac{\tau}{2}\right) & \mathrm{j}\sin\left(\frac{\tau}{2}\right)\\ \mathrm{j}\sin\left(\frac{\tau}{2}\right) & \cos\left(\frac{\tau}{2}\right)\end{pmatrix}, \tag{4.20}$$

式中 $\tau=2$ 代表耦合系数与耦合长度的乘积.

(2) 线形排列 3×3 定向耦合器

线形分布 3×3 定向耦合器的本征值

$$x_m=\cos\varphi_m=\cos\frac{m\pi}{4},\ m=1,\ 2,\ 3,$$
$$x_1=\frac{1}{\sqrt{2}},\ x_2=0,\ x_3=-\frac{1}{\sqrt{2}}. \tag{4.21}$$

传输矩阵

$$R(\tau)=\begin{pmatrix}\frac{1}{2}\exp(\mathrm{j}\ \tau/\sqrt{2}) & \frac{1}{\sqrt{2}} & \frac{1}{2}\exp(-\mathrm{j}\ \tau/\sqrt{2})\\ \frac{1}{\sqrt{2}}\exp(\mathrm{j}\ \tau/\sqrt{2}) & 0 & -\frac{1}{\sqrt{2}}\exp(-\mathrm{j}\ \tau/\sqrt{2})\\ \frac{1}{2}\exp(\mathrm{j}\ \tau/\sqrt{2}) & -\frac{1}{\sqrt{2}} & \frac{1}{2}\exp(-\mathrm{j}\ \tau/\sqrt{2})\end{pmatrix}\begin{pmatrix}\frac{1}{2} & \frac{1}{\sqrt{2}} & \frac{1}{2}\\ \frac{1}{\sqrt{2}} & 0 & -\frac{1}{\sqrt{2}}\\ \frac{1}{2} & -\frac{1}{\sqrt{2}} & \frac{1}{2}\end{pmatrix}$$

化简为：

$$R(\tau)=\begin{pmatrix}\frac{1}{2}+\frac{1}{2}\cos\frac{\tau}{\sqrt{2}} & \frac{\mathrm{j}}{\sqrt{2}}\sin\frac{\tau}{\sqrt{2}} & -\frac{1}{2}+\frac{1}{2}\cos\frac{\tau}{\sqrt{2}}\\ \frac{\mathrm{j}}{\sqrt{2}}\sin\frac{\tau}{\sqrt{2}} & \cos\frac{\tau}{\sqrt{2}} & \frac{\mathrm{j}}{\sqrt{2}}\sin\frac{\tau}{\sqrt{2}}\\ -\frac{1}{2}+\frac{1}{2}\cos\frac{\tau}{\sqrt{2}} & \frac{\mathrm{j}}{\sqrt{2}}\sin\frac{\tau}{\sqrt{2}} & \frac{1}{2}+\frac{1}{2}\cos\frac{\tau}{\sqrt{2}}\end{pmatrix}. \tag{4.22}$$

(3) 线形排列 4×4 定向耦合器

线形分布 4×4 定向耦合器的本征值

$$x_m=\cos\varphi_m=\cos(m\pi/5),\ m=1,\ 2,\ 3,\ 4, \tag{4.23a}$$

$$x_1=\cos(\pi/5),\ x_2=\cos(2\pi/5),\ x_3=-x_2,\ x_4=-x_1.$$

传输矩阵 $R(\tau)$的矩阵元 $R_{n,l}$

$$R_{n,l}=4r_{n,l}/5,$$

$$r_{1,1}=r_{4,4}=(1-x_1^2)\cos(x_1\tau)+(1-x_2^2)\cos(x_2\tau),$$

$$r_{2,2}=r_{3,3}=(1-x_2^2)\cos(x_1\tau)+(1-x_1^2)\cos(x_2\tau),$$

$$r_{1,2}=r_{2,1}=r_{3,4}=r_{4,3}=\mathrm{j}\sqrt{(1-x_1^2)(1-x_2^2)}[\sin(x_1\tau)+\sin(x_2\tau)],$$

$$r_{1,3}=r_{2,4}=r_{3,1}=r_{4,2}=\sqrt{(1-x_1^2)(1-x_2^2)}[\cos(x_1\tau)-\cos(x_2\tau)],$$

$$r_{1,4}=r_{4,1}=\mathrm{j}\,(1-x_1^2)\sin(x_1\tau)-\mathrm{j}\,(1-x_2^2)\sin(x_2\tau),$$

$$r_{2,3}=r_{3,2}=\mathrm{j}\,(1-x_2^2)\sin(x_1\tau)-\mathrm{j}\,(1-x_1^2)\sin(x_2\tau). \tag{4.23b}$$

4.3.2 “弱耦合”环形排列定向耦合器

(1) 环形排列 3×3 定向耦合器

对于 3×3“弱耦合”环形分布定向耦合器($N=2$)，根据 4.2 节给出的解法，耦合模方程的解析解推导如下：

$$\varphi_m = 2\pi \frac{m}{1+2},\ m = 0,\ 1,\ 2. \tag{4.24}$$

本征值

$$\begin{aligned} &x_m = \cos\varphi_m, \\ &x_0 = 1,\ x_1 = x_2 = -1/2, \end{aligned} \tag{4.25}$$

本征值是二重简并的，因此解(μ_1，μ_2，μ_3)可以写为

$$\begin{aligned} \mu_1 &= \alpha_{11}\exp(\mathrm{j}\ x_0\tau) + (\alpha_{12} + \alpha_{13}\tau)\exp(\mathrm{j}\ x_1\tau), \\ \mu_2 &= \alpha_{21}\exp(\mathrm{j}\ x_0\tau) + (\alpha_{22} + \alpha_{23}\tau)\exp(\mathrm{j}\ x_1\tau), \\ \mu_3 &= \alpha_{31}\exp(\mathrm{j}\ x_0\tau) + (\alpha_{32} + \alpha_{33}\tau)\exp(\mathrm{j}\ x_1\tau). \end{aligned} \tag{4.26}$$

把(4.26)代入方程组(4.10)，比较系数得到下列关系：

$$\begin{aligned} &\alpha_{11} = \alpha_{21} = \alpha_{31} = A/3,\ \alpha_{12} = 2B, \\ &\alpha_{22} = C - B,\ \alpha_{32} = -C - B, \\ &\alpha_{13} = \alpha_{23} = \alpha_{33} = 0. \end{aligned} \tag{4.27}$$

于是

$$\begin{aligned} \mu_1 &= \frac{A}{3}\exp(\mathrm{j}\ x_0\tau) + 2B\exp(\mathrm{j}\ x_1\tau), \\ \mu_2 &= \frac{A}{3}\exp(\mathrm{j}\ x_0\tau) + (C - B)\exp(\mathrm{j}\ x_1\tau), \\ \mu_3 &= \frac{A}{3}\exp(\mathrm{j}\ x_0\tau) - (C + B)\exp(\mathrm{j}\ x_1\tau). \end{aligned} \tag{4.28}$$

假设(μ_1，μ_2，μ_3)在耦合区的起始点 $z=0$ 的初值是(a_1，a_2，a_3)，$\tau=$

$Kz = 0$，则

$$a_1 = A/3 + 2B,\ a_2 = A/3 + C - B,\ a_3 = A/3 - (C + B),$$

$$A = a_1 + a_2 + a_3,\ B = \frac{1}{6}(2a_1 - a_2 - a_3),\ C = \frac{1}{3}(a_1 + a_2 - 2a_3). \tag{4.29a}$$

传输矩阵 $R(\tau)$ 满足以下关系

$$\begin{bmatrix} \mu_1 \\ \mu_2 \\ \mu_3 \end{bmatrix} = \begin{bmatrix} \gamma_1 & \gamma_2 & \gamma_2 \\ \gamma_2 & \gamma_1 & \gamma_2 \\ \gamma_2 & \gamma_2 & \gamma_1 \end{bmatrix} \begin{bmatrix} a_1 \\ a_2 \\ a_3 \end{bmatrix} = R(\tau) \begin{bmatrix} a_1 \\ a_2 \\ a_3 \end{bmatrix} \tag{4.29b}$$

式中

$$\gamma_1 = \frac{1}{3}\exp(\mathrm{j}\,\tau) + \frac{2}{3}\exp(-\mathrm{j}\,\tau/2),$$

$$\gamma_2 = \frac{1}{3}\exp(\mathrm{j}\,\tau) - \frac{1}{3}\exp(-\mathrm{j}\,\tau/2).$$

传输矩阵 $R(\tau)$ 与参考文献[111]相同，区别只是定义的参量不同. 在 4.6 节中给出了基于这种定向耦合器的 2×3 和 3×3 马赫-曾德尔干涉仪型密集波分复用器的数学模型.

(2) 环形排列 5×5 定向耦合器

对于 5×5“弱耦合”环形分布定向耦合器，耦合模方程

$$\frac{\partial \mu_0}{\partial z} = \mathrm{j}\,\frac{K}{2}(\mu_4 + \mu_1),\ \frac{\partial \mu_1}{\partial z} = \mathrm{j}\,\frac{K}{2}(\mu_0 + \mu_2),$$

$$\frac{\partial \mu_2}{\partial z} = \mathrm{j}\,\frac{K}{2}(\mu_1 + \mu_3),\ \frac{\partial \mu_3}{\partial z} = \mathrm{j}\,\frac{K}{2}(\mu_2 + \mu_4), \tag{4.30}$$

$$\frac{\partial \mu_4}{\partial z} = \mathrm{j}\,\frac{K}{2}(\mu_3 + \mu_0).$$

令 $\mu_i = \Phi_i(\beta/K)\exp(\mathrm{j}\,\beta z)$，$x = \beta/K$，代入(4.30)得

$$
\begin{aligned}
2x\Phi_0(x) &= \Phi_4(x) + \Phi_1(x),\\
2x\Phi_1(x) &= \Phi_0(x) + \Phi_2(x),\\
2x\Phi_2(x) &= \Phi_1(x) + \Phi_3(x),\\
2x\Phi_3(x) &= \Phi_2(x) + \Phi_4(x),\\
2x\Phi_4(x) &= \Phi_3(x) + \Phi_0(x).
\end{aligned}
\tag{4.31}
$$

方程组的解可以用第一类 Chebyshev 多项式得到.

$$
\begin{aligned}
&\Phi_n(x_m) = \sqrt{\frac{2}{5}}\cos(n\varphi_m),\ 0 \leqslant n \leqslant 4.\\
&x_m = \cos\varphi_m,\\
&\varphi_m = \frac{2}{5}m\pi,\ m = 0,1,2,3,4.
\end{aligned}
\tag{4.32}
$$

本征值 $x_0 = 1$，$x_1 = x_4 = \cos(2\pi/5)$，$x_2 = x_3 = \cos(4\pi/5)$，属于二重简并. 因此,耦合模方程的解可以写为：

$$
\begin{aligned}
\mu_0 &= \alpha_{00}\exp(\mathrm{j}\,x_0\tau) + (\alpha_{01} + \alpha_{04}\tau)\exp(\mathrm{j}\,x_1\tau) + (\alpha_{02} + \alpha_{03}\tau)\exp(\mathrm{j}\,x_2\tau),\\
\mu_1 &= \alpha_{10}\exp(\mathrm{j}\,x_0\tau) + (\alpha_{11} + \alpha_{14}\tau)\exp(\mathrm{j}\,x_1\tau) + (\alpha_{12} + \alpha_{13}\tau)\exp(\mathrm{j}\,x_2\tau),\\
\mu_2 &= \alpha_{20}\exp(\mathrm{j}\,x_0\tau) + (\alpha_{21} + \alpha_{24}\tau)\exp(\mathrm{j}\,x_1\tau) + (\alpha_{22} + \alpha_{23}\tau)\exp(\mathrm{j}\,x_2\tau),\\
\mu_3 &= \alpha_{30}\exp(\mathrm{j}\,x_0\tau) + (\alpha_{31} + \alpha_{34}\tau)\exp(\mathrm{j}\,x_1\tau) + (\alpha_{32} + \alpha_{33}\tau)\exp(\mathrm{j}\,x_2\tau),\\
\mu_4 &= \alpha_{40}\exp(\mathrm{j}\,x_0\tau) + (\alpha_{41} + \alpha_{44}\tau)\exp(\mathrm{j}\,x_1\tau) + (\alpha_{42} + \alpha_{43}\tau)\exp(\mathrm{j}\,x_2\tau).
\end{aligned}
\tag{4.33}
$$

把(4.33)代入(4.30),比较系数得到以下关系：

$$
\begin{aligned}
&2x_i\alpha_{0i}-(\alpha_{4i}+\alpha_{1i})=0,\\
&2x_i\alpha_{1i}-(\alpha_{0i}+\alpha_{2i})=0,\\
&2x_i\alpha_{2i}-(\alpha_{1i}+\alpha_{3i})=0,\\
&2x_i\alpha_{3i}-(\alpha_{2i}+\alpha_{4i})=0,\\
&2x_i\alpha_{4i}-(\alpha_{3i}+\alpha_{0i})=0,\\
&\alpha_{i3}=\alpha_{i4}=0,\ i=0,1,2.
\end{aligned}
\tag{4.34}
$$

当 $i=0$ 时,只有一个独立变量,设为 $\alpha_{00}=\alpha_{10}=\alpha_{20}=\alpha_{30}=\alpha_{40}=b_0$.

当 $i=1$ 时,有两个独立变量,设 $\alpha_{01}=b_1$, $\alpha_{11}=b_3$, 则 $\alpha_{21}=2x_1b_3-b_1$, $\alpha_{31}=-2x_1(b_1+b_3)$, $\alpha_{41}=2x_1b_1-b_3$.

当 $i=2$ 时,有两个独立变量,设 $\alpha_{02}=b_2$, $\alpha_{12}=b_4$, 则 $\alpha_{22}=2x_2b_4-b_2$, $\alpha_{32}=-2x_2(b_2+b_4)$, $\alpha_{42}=2x_2b_2-b_4$.

因此,耦合模方程的解可以写为:

$$
\begin{aligned}
&\mu_0=b_0\exp(\mathrm{j}\,x_0\tau)+b_1\exp(\mathrm{j}\,x_1\tau)+b_2\exp(\mathrm{j}\,x_2\tau),\\
&\mu_1=b_0\exp(\mathrm{j}\,x_0\tau)+b_3\exp(\mathrm{j}\,x_1\tau)+b_4\exp(\mathrm{j}\,x_2\tau),\\
&\mu_2=b_0\exp(\mathrm{j}\,x_0\tau)+(2x_1b_3-b_1)\exp(\mathrm{j}\,x_1\tau)+(2x_2b_4-b_2)\exp(\mathrm{j}\,x_2\tau),\\
&\mu_3=b_0\exp(\mathrm{j}\,x_0\tau)-2x_1(b_1+b_3)\exp(\mathrm{j}\,x_1\tau)-2x_2(b_2+b_4)\exp(\mathrm{j}\,x_2\tau),\\
&\mu_4=b_0\exp(\mathrm{j}\,x_0\tau)+(2x_1b_1-b_3)\exp(\mathrm{j}\,x_1\tau)+(2x_2b_2-b_4)\exp(\mathrm{j}\,x_2\tau).
\end{aligned}
\tag{4.35}
$$

如果(μ_0, μ_1, μ_2, μ_3, μ_4)在耦合区起始点 $z=0$ 的初值为(a_0, a_1, a_2, a_3, a_4),则

$$
\begin{aligned}
&b_0=(a_0+a_1+a_2+a_3+a_4)/5,\\
&b_1=(A+Bx_2)/E,\\
&b_2=-(A+Bx_1)/E,
\end{aligned}
$$

$$b_3 = (C + Dx_2)/E,$$
$$b_4 = -(C + Dx_1)/E. \tag{4.36}$$

式中

$$
\begin{aligned}
A &= 2a_0 - 3a_1 + 2a_2 + 2a_3 - 3a_4, \\
B &= 8a_0 - 2a_1 - 2a_2 - 2a_3 - 2a_4, \\
C &= -3a_0 + 2a_1 - 3a_2 + 2a_3 + 2a_4, \\
D &= -2a_0 + 8a_1 - 2a_2 - 2a_3 - 2a_4, \\
E &= 10(x_2 - x_1).
\end{aligned} \tag{4.37}
$$

把(4.36)代入(4.35),得

$$
\begin{bmatrix} \mu_0 \\ \mu_1 \\ \mu_2 \\ \mu_3 \\ \mu_4 \end{bmatrix} = \begin{bmatrix} c_1 & c_2 & c_3 & c_3 & c_2 \\ c_2 & c_1 & c_2 & c_3 & c_3 \\ c_3 & c_2 & c_1 & c_2 & c_3 \\ c_3 & c_3 & c_2 & c_1 & c_2 \\ c_2 & c_3 & c_3 & c_2 & c_1 \end{bmatrix} \begin{bmatrix} a_0 \\ a_1 \\ a_2 \\ a_3 \\ a_4 \end{bmatrix}, \tag{4.38}
$$

式中矩阵元

$$
\begin{aligned}
c_1 &= [\exp(\mathrm{j}\, x_0 \tau) + 2\exp(\mathrm{j}\, x_1 \tau) + 2\exp(\mathrm{j}\, x_2 \tau)]/5, \\
c_2 &= [2\exp(\mathrm{j}\, x_0 \tau) + (\sqrt{5} - 1)\exp(\mathrm{j}\, x_1 \tau) - (\sqrt{5} + 1)\exp(\mathrm{j}\, x_2 \tau)]/10, \\
c_3 &= [2\exp(\mathrm{j}\, x_0 \tau) - (\sqrt{5} + 1)\exp(\mathrm{j}\, x_1 \tau) + (\sqrt{5} - 1)\exp(\mathrm{j}\, x_2 \tau)]/10.
\end{aligned} \tag{4.39}
$$

4.3.3 “强耦合”环形排列定向耦合器

当同时考虑相邻波导间和次相邻波导间的模场耦合时，5×5 环形分布定向耦合器的耦合模方程写为:

$$\frac{\partial\tilde{\mu}_0}{\partial z}=\mathrm{j}\,\frac{K}{2}(\tilde{\mu}_4+\tilde{\mu}_1)+\mathrm{j}\,\frac{K'}{2}(\tilde{\mu}_3+\tilde{\mu}_2),$$

$$\frac{\partial\tilde{\mu}_1}{\partial z}=\mathrm{j}\,\frac{K}{2}(\tilde{\mu}_0+\tilde{\mu}_2)+\mathrm{j}\,\frac{K'}{2}(\tilde{\mu}_4+\tilde{\mu}_3),$$

$$\frac{\partial\tilde{\mu}_2}{\partial z}=\mathrm{j}\,\frac{K}{2}(\tilde{\mu}_1+\tilde{\mu}_3)+\mathrm{j}\,\frac{K'}{2}(\tilde{\mu}_0+\tilde{\mu}_4),\tag{4.40}$$

$$\frac{\partial\tilde{\mu}_3}{\partial z}=\mathrm{j}\,\frac{K}{2}(\tilde{\mu}_2+\tilde{\mu}_4)+\mathrm{j}\,\frac{K'}{2}(\tilde{\mu}_1+\tilde{\mu}_0),$$

$$\frac{\partial\tilde{\mu}_4}{\partial z}=\mathrm{j}\,\frac{K}{2}(\tilde{\mu}_3+\tilde{\mu}_0)+\mathrm{j}\,\frac{K'}{2}(\tilde{\mu}_2+\tilde{\mu}_1).$$

设 $\tilde{\mu}_i=\tilde{\Phi}_i(\beta'/K)\exp(j\beta'z)$, $x'=\beta'/k$, $k'=\gamma k$，代入方程(4.40)，得

$$2x'\tilde{\Phi}_0(x')=\tilde{\Phi}_4(x')+\tilde{\Phi}_1(x')+\gamma[\tilde{\Phi}_3(x')+\tilde{\Phi}_2(x')],$$

$$2x'\tilde{\Phi}_1(x')=\tilde{\Phi}_0(x')+\tilde{\Phi}_2(x')+\gamma[\tilde{\Phi}_4(x')+\tilde{\Phi}_3(x')],$$

$$2x'\tilde{\Phi}_2(x')=\tilde{\Phi}_1(x')+\tilde{\Phi}_3(x')+\gamma[\tilde{\Phi}_0(x')+\tilde{\Phi}_4(x')],$$

$$2x'\tilde{\Phi}_3(x')=\tilde{\Phi}_2(x')+\tilde{\Phi}_4(x')+\gamma[\tilde{\Phi}_1(x')+\tilde{\Phi}_0(x')],$$

$$2x'\tilde{\Phi}_4(x')=\tilde{\Phi}_3(x')+\tilde{\Phi}_0(x')+\gamma[\tilde{\Phi}_2(x')+\tilde{\Phi}_1(x')].\tag{4.41}$$

本征值

$$x'_0=1+\gamma,$$

$$x'_1=\cos(2\pi/5)+\gamma\cos(4\pi/5),$$

$$x'_2=\cos(4\pi/5)+\gamma\cos(8\pi/5),$$

$$x'_3=\cos(6\pi/5)+\gamma\cos(12\pi/5)=\cos(4\pi/5)+\gamma\cos(8\pi/5)=x'_2,$$

$$x'_4=\cos(8\pi/5)+\gamma\cos(16\pi/5)=\cos(2\pi/5)+\gamma\cos(4\pi/5)=x'_1.\tag{4.42}$$

可见，本征值属二重简并，因此方程的解设为：

$$\tilde{\mu}_0 = \alpha'_{00}\exp(\mathrm{j}\,x'_0\tau) + (\alpha'_{01} + \alpha'_{04}\tau)\exp(\mathrm{j}\,x'_1\tau) + (\alpha'_{02} + \alpha'_{03}\tau)\exp(\mathrm{j}\,x'_2\tau),$$

$$\tilde{\mu}_1 = \alpha'_{10}\exp(\mathrm{j}\,x'_0\tau) + (\alpha'_{11} + \alpha'_{14}\tau)\exp(\mathrm{j}\,x'_1\tau) + (\alpha'_{12} + \alpha'_{13}\tau)\exp(\mathrm{j}\,x'_2\tau),$$

$$\tilde{\mu}_2 = \alpha'_{20}\exp(\mathrm{j}\,x'_0\tau) + (\alpha'_{21} + \alpha'_{21}\tau)\exp(\mathrm{j}\,x'_1\tau) + (\alpha'_{22} + \alpha'_{23}\tau)\exp(\mathrm{j}\,x'_2\tau),$$

$$\tilde{\mu}_3 = \alpha'_{30}\exp(jx'_0\tau) + (\alpha'_{41} + \alpha'_{34}\tau)\exp(\mathrm{j}\,x'_1\tau) + (\alpha'_{32} + \alpha''_{33}\tau)\exp(\mathrm{j}\,x'_2\tau),$$

$$\tilde{\mu}_4 = \alpha'_{40}\exp(\mathrm{j}\,x'_1\tau) + (\alpha'_{41} + \alpha'_{44}\tau)\exp(\mathrm{j}\,x'_1\tau) + (\alpha'_{42} + \alpha'_{43}\tau)\exp(\mathrm{j}\,x'_2\tau). \tag{4.43}$$

把(4.43)代入(4.40)，$(\tilde{\mu}_0, \tilde{\mu}_1, \tilde{\mu}_2, \tilde{\mu}_3, \tilde{\mu}_4)$在耦合区的起始点 $z=0$ 的初值设为 $(a_0, a_1, a_2, a_3, a_4)$，得到“强耦合”定向耦合器的解析解：

$$\begin{bmatrix} \tilde{\mu}_0 \\ \tilde{\mu}_1 \\ \tilde{\mu}_2 \\ \tilde{\mu}_3 \\ \tilde{\mu}_4 \end{bmatrix} = \begin{bmatrix} c'_1 & c'_2 & c'_3 & c'_3 & c'_2 \\ c'_2 & c'_1 & c'_2 & c'_3 & c'_3 \\ c'_3 & c'_2 & c'_1 & c'_2 & c'_3 \\ c'_3 & c'_3 & c'_2 & c'_1 & c'_2 \\ c'_2 & c'_3 & c'_3 & c'_2 & c'_1 \end{bmatrix} \begin{bmatrix} a_0 \\ a_1 \\ a_2 \\ a_3 \\ a_4 \end{bmatrix}, \tag{4.44}$$

式中矩阵元

$$c'_1 = [\exp(\mathrm{j}\,x'_0\tau) + 2\exp(\mathrm{j}\,x'_1\tau) + 2\exp(\mathrm{j}\,x''_2\tau)]/5,$$

$$c'_2 = [2\exp(\mathrm{j}\,x'_0\tau) + (\sqrt{5}-1)\exp(\mathrm{j}\,x'_1\tau) - (\sqrt{5}+1)\exp(\mathrm{j}\,x'_2\tau)]/10,$$

$$c'_3 = [2\exp(\mathrm{j}\,x'_0\tau) - (\sqrt{5}+1)\exp(\mathrm{j}\,x'_1\tau) + (\sqrt{5}-1)\exp(\mathrm{j}\,x'_2\tau)]/10. \tag{4.45}$$

有趣的是“强耦合”定向耦合器的解析解(4.44)～(4.45)与“弱耦合”定向耦合器的解析解(4.38)～(4.39)具有相同的数学形式，区别只是(4.45)中的本征值 x'_m 与(4.39)中的本征值 x_m 不同，分别由(4.42)和(4.32)求出.

4.4 第 1 部分小结与讨论

比较第 1 部分与参考文献中的结果发现：线性分布 3×3 定向耦合器的解(4.22)与 Chew 的结果相同[111]，两者都是采用标量耦合模理论得到的结果. Kishi 与 Yamashita 则采用横向矢量场模型得到如下相似的结果[127].

环形分布多芯光纤：

$$\mathrm{e}_i(z) = \frac{1}{n}\exp(-\mathrm{j}\,\beta_0 z)\sum_{m=1}^{n}\cos\left(\frac{2\pi}{n}mi\right)\times$$
$$\exp\{-\mathrm{j}\,\Delta\beta(d)[\cos(2\pi m/n)]z\},$$

线形分布多芯光纤：

$$e_i(z) = \frac{2}{n+1}\exp(-j\beta_0 z)\sum_{m=1}^{n}\sin\frac{ml\pi}{n+1}\sin\left(\frac{mi\pi}{n+1}\right)\times$$
$$\exp\left\{-\mathrm{j}\,\Delta\beta(d)\left[\cos\left(\frac{m\pi}{n+1}\right)\right]z\right\}.$$

据我们所知，本章给出的基于 Chebyshev 正交基的多波导系统耦合模方程的解析解和推广的 Chebyshev 多项式在物理和数学上都具有创新性. 通常，非相邻波导间的模场耦合视为微小扰动，忽略不记. 本章指出：当考虑非相邻波导间的模场耦合时，应该采用推广的 Chebyshev 多项式才能得到包含更多耦合项的耦合模方程的解析解.

4.5 采用 3×3 环形排列定向耦合器的密集波分解复用器的数学模型

在 2×3 和 3×3 马赫-曾德尔干涉仪型密集波分解复用器中，3×3 环形分布定向耦合器具有“分波”功能，来自不同干涉臂的信号光波在耦合器中发生模场耦合后,从三个不同的输出端口输出,实现 DWDM 信号的解复用.

当耦合系数固定不变时,调节耦合长度,使

$$\gamma_1=\frac{1}{\sqrt{3}}\exp(\mathrm{j}\,\varphi_2),\ \gamma_2=\frac{1}{\sqrt{3}}\exp(\mathrm{j}\,\varphi_1). \tag{4.46}$$

$(\varphi_1,\ \varphi_2)$有两组解:$(11\pi/18,\ -\pi/18)$和$(-\pi/18,\ 5\pi/18)$. 因此, $\Delta\varphi=\varphi_2-\varphi_1$ 也有两个解$(-2\pi/3,\ \pi/3)$. 把$(\varphi_1,\ \varphi_2)$的第一组解$(11\pi/18,\ -\pi/18)$代入方程(4.29),

$$\begin{bmatrix}\mu_1\\ \mu_2\\ \mu_3\end{bmatrix}=\frac{1}{\sqrt{3}}\begin{bmatrix}\exp(\mathrm{j}\,\Delta\varphi) & 1 & 1\\ 1 & \exp(\mathrm{j}\,\Delta\varphi) & 1\\ 1 & 1 & \exp(\mathrm{j}\,\Delta\varphi)\end{bmatrix}\begin{bmatrix}a_1\\ a_2\\ a_3\end{bmatrix}\exp\left(-\mathrm{j}\,\frac{\pi}{18}\right), \tag{4.47}$$

式中 $\Delta\varphi=-2\pi/3$, 如果选择以下初值

$$(a_1,\ a_2,\ a_3)=\left\{0,\ \frac{\mathrm{j}}{\sqrt{2}}\exp\left[\mathrm{j}\left(-\frac{\delta}{2}+\frac{\pi}{18}\right)\right],-\frac{\mathrm{j}}{\sqrt{2}}\exp\left[\mathrm{j}\left(\frac{\delta}{2}+\frac{\pi}{18}\right)\right]\right\}, \tag{4.48}$$

则

$$\begin{bmatrix}\mu_1\\ \mu_2\\ \mu_3\end{bmatrix}=\sqrt{\frac{2}{3}}\begin{bmatrix}\sin(\delta/2)\\ \sin[(\delta+2\pi/3)/2]\exp(-\mathrm{j}\,\pi/3)\\ \sin[(\delta-2\pi/3)/2]\exp(-\mathrm{j}\,\pi/3)\end{bmatrix}. \tag{4.49}$$

输出功率

$$P_1=|\mu_1|^2=\frac{2}{3}\sin^2\frac{\delta}{2}=\frac{1}{3}(1-\cos\delta),$$

$$P_2=|\mu_2|^2=\frac{2}{3}\sin^2\frac{1}{2}\left(\delta+\frac{2\pi}{3}\right)=\frac{1}{3}\left[1-\cos\left(\delta+\frac{2\pi}{3}\right)\right],$$

$$P_3 = |\mu_3|^2 = \frac{2}{3}\sin^2\frac{1}{2}\left(\delta - \frac{2\pi}{3}\right) = \frac{1}{3}\left[1 - \cos\left(\delta - \frac{2\pi}{3}\right)\right]. \tag{4.50}$$

结果与文献[120]相同. 如果另外选择一个初值

$$(a_1, a_2, a_3) = \left\{\exp\left[j\left(\frac{2\pi}{3} + \delta + \frac{\pi}{18}\right)\right], \exp\left(j\frac{\pi}{18}\right), \exp\left[j\left(-\delta + \frac{\pi}{18}\right)\right]\right\}, \tag{4.51}$$

把(4.51)代入(4.47),通过简单计算得到以下结果:

$$\begin{bmatrix}\mu_1\\ \mu_2\\ \mu_3\end{bmatrix} = \frac{1}{\sqrt{3}}\begin{bmatrix}E\\ F\\ G\end{bmatrix}, \tag{4.52}$$

式中

$$E = \frac{\sin(3\delta/2)}{\sin(\delta/2)},\ F = \frac{\sin[3(\delta + 4\pi/3)/2]}{\sin[(\delta + 4\pi/3)/2]}\exp\left(-j\frac{2\pi}{3}\right),$$

$$G = \frac{\sin[3(\delta + 2\pi/3)/2]}{\sin[(\delta + 2\pi/3)/2]}. \tag{4.53}$$

可见,不论采用(4.50)还是(4.52)~(4.53)都能把 DWDM 光波信号分为三组,实现密集波分解复用.

4.6 熔锥光纤耦合器的发展

20 世纪 80 年代中后期,光纤耦合器研制工艺——熔融拉锥技术的突破,使得光纤耦合器的各项性能指标明显提高,也促进了基于光纤耦合器的全光纤器件的开发,推动了光纤器件在光纤通信和光纤传感系统中的应用. 英国的 D. B. Mortimore 较早从事熔锥光纤耦合器的理论分析与实验技术研究[145~147],在国内,较早开展相关实验研究的科研人员包括上海大学光纤研究所的汪道刚研究员、姚寿铨研究员和严方研究员等[109~148, 149]，上海交通大学光纤技术研究所的曾庆济教授、黄勇博士和叶爱伦教授[150, 151]. 现在，光纤耦合器在中国的发展已经形成一些特色，例如：宽带光纤耦合器[152]、保偏光纤耦合器、3×3 多端口光纤耦合器、光纤耦合器型波分复用器、基于光纤耦合器的光纤环形反射镜和多干涉臂全光纤马赫-曾德尔干涉仪等. 熔融拉锥设备功能的增强（智能化、多功能）和产品化也带动了相关产业的迅速发展. 20 世纪 90 年代初光纤光栅研制技术的突破又迎来了光纤器件飞速发展的第二个春天，光纤光栅耦合器型分插复用器就是近年来报道的一种新型光纤器件.

随着光纤耦合器研制技术的不断完善和光纤网络的迅速发展，研制结构复杂的光纤耦合器已经成为可能和必要. 以前许多文献报道了截面呈线形或圆形分布的 $1\times N$ 光纤耦合器，由于对称性的原因，这种器件的理论分析和制作工艺可能相对容易一些. 下面采用简化模型，从线性耦合模方程出发，对面阵排列 2×6 熔锥光纤耦合器的模场耦合特性进行理论分析.

4.7 面阵排列 2×6 熔锥光纤耦合器的简化模型的求解与分析

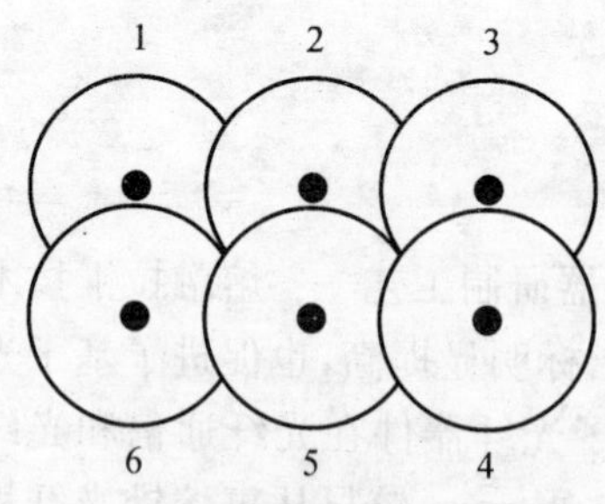

图 4.5　2×6 熔锥光纤耦合器的结构简图

假定多波导耦合系统由六根具有相同参数的单模光纤组成，几何分布如图 4.5 所示. 弱融、弱耦条件下，忽略系统损耗，不考虑非相邻波导之间的耦合和偏振耦合，只考虑相邻光纤和对角光纤之间的直接耦合，则该耦合系统的耦合模方程可以写为 $\mathrm{d}a/\mathrm{d}z = \mathrm{j}Aa$（$a$ 和 A 分别表示耦合系统的模场矢量和传输矩阵），即

$$\frac{\mathrm{d}}{\mathrm{d}z}\begin{bmatrix}a_1(z)\\a_2(z)\\a_3(z)\\a_4(z)\\a_5(z)\\a_6(z)\end{bmatrix}=\mathrm{j}\begin{bmatrix}\beta_1 & K_1 & 0 & 0 & K_2 & K_1\\K_1 & \beta_2 & K_1 & K_2 & K_1 & K_2\\0 & K_1 & \beta_1 & K_1 & K_2 & 0\\0 & K_2 & K_1 & \beta_1 & K_1 & 0\\K_2 & K_1 & K_2 & K_1 & \beta_2 & K_1\\K_1 & K_2 & 0 & 0 & K_1 & \beta_1\end{bmatrix}\begin{bmatrix}a_1(z)\\a_2(z)\\a_3(z)\\a_4(z)\\a_5(z)\\a_6(z)\end{bmatrix},\quad(4.54)$$

式中 $a_i(z)$ $(i=1,2,\cdots,6)$ 表示耦合器的耦合区内第 i 根光纤中位置 z 处的场振幅. 由于各光纤在耦合区的实际位置不同,经熔融拉锥后,它们的实际传播常数存在一定差异,故假定 β_1 为耦合区内光纤 1、3、4 和 6 的单模传播常数, β_2 为耦合区内光纤 2 和 5 的单模传播常数, K_1 为相邻光纤之间的耦合系数, K_2 为对角光纤之间的耦合系数.

如果光波从端口 2 或端口 5 注入,根据结构的对称性,端口 1 和 3、端口 4 和 6 中激发的模场相同. 因此,通过参量替换,(4.54)式可以化简为以下形式:

$$\frac{\mathrm{d}}{\mathrm{d}z}\begin{bmatrix}a_1(z)\\a_2(z)\\a_4(z)\\a_5(z)\end{bmatrix}=\mathrm{j}\begin{bmatrix}\beta_1 & K_1 & K_1 & K_2\\2K_1 & \beta_2 & 2K_2 & K_1\\K_1 & K_2 & \beta_1 & K_1\\2K_2 & K_1 & 2K_1 & \beta_2\end{bmatrix}\begin{bmatrix}a_1(z)\\a_2(z)\\a_4(z)\\a_5(z)\end{bmatrix},\quad(4.55)$$

对方程(4.55)作以下变换

$$\begin{cases}\dfrac{\mathrm{d}(a_1+a_4)}{\mathrm{d}z}=\mathrm{j}[(\beta_1+K_1)(a_1+a_4)+(K_1+K_2)(a_2+a_5)],\\\dfrac{\mathrm{d}(a_1-a_4)}{\mathrm{d}z}=\mathrm{j}[(\beta_1-K_1)(a_1-a_4)+(K_1-K_2)(a_2-a_5)],\\\dfrac{\mathrm{d}(a_2+a_5)}{\mathrm{d}z}=\mathrm{j}[2(K_1+K_2)(a_1+a_4)+(\beta_2+K_1)(a_2+a_5)],\\\dfrac{\mathrm{d}(a_2-a_5)}{\mathrm{d}z}=\mathrm{j}[2(K_1-K_2)(a_1-a_4)+(\beta_2-K_1)(a_2-a_5)].\end{cases}\quad(4.56)$$

令 $a_1+a_4=\varphi_1$，$a_1-a_4=\varphi_2$，$a_2+a_5=\varphi_3$，$a_2-a_5=\varphi_4$，则(4.56)式化为

$$\frac{\mathrm{d}}{\mathrm{d}z}\begin{pmatrix}\varphi_1\\ \varphi_3\end{pmatrix}=\mathrm{j}\begin{pmatrix}\beta_1+K_1 & K_1+K_2\\ 2(K_1+K_2) & \beta_2+K_1\end{pmatrix}\begin{pmatrix}\varphi_1\\ \varphi_3\end{pmatrix},\tag{4.57a}$$

$$\frac{\mathrm{d}}{\mathrm{d}z}\begin{pmatrix}\varphi_2\\ \varphi_4\end{pmatrix}=\mathrm{j}\begin{pmatrix}\beta_1-K_1 & K_1-K_2\\ 2(K_1-K_2) & \beta_2-K_1\end{pmatrix}\begin{pmatrix}\varphi_2\\ \varphi_4\end{pmatrix},\tag{4.57b}$$

令 $\begin{cases}\varphi_1=\psi_1\exp\{\mathrm{j}[(\beta_1+\beta_2)/2+K_1]z\},\\ \varphi_3=\psi_3\exp\{\mathrm{j}[(\beta_1+\beta_2)/2+K_1]z\},\end{cases}$

和 $\begin{cases}\varphi_2=\psi_2\exp\{\mathrm{j}[(\beta_1+\beta_2)/2-K_1]z\}\\ \varphi_4=\psi_4\exp\{\mathrm{j}[(\beta_1+\beta_2)/2-K_1]z\}\end{cases}$，则

方程(4.57)化为

$$\frac{\mathrm{d}}{\mathrm{d}z}\begin{pmatrix}\psi_1\\ \psi_3\end{pmatrix}=\mathrm{j}\begin{pmatrix}(\beta_1-\beta_2)/2 & K_1+K_2\\ 2(K_1+K_2) & (\beta_2-\beta_1)/2\end{pmatrix}\begin{pmatrix}\psi_1\\ \psi_3\end{pmatrix},\tag{4.58a}$$

$$\frac{\mathrm{d}}{\mathrm{d}z}\begin{pmatrix}\psi_2\\ \psi_4\end{pmatrix}=\mathrm{j}\begin{pmatrix}(\beta_1-\beta_2)/2 & K_1-K_2\\ 2(K_1-K_2) & (\beta_2-\beta_1)/2\end{pmatrix}\begin{pmatrix}\psi_2\\ \psi_4\end{pmatrix}.\tag{4.58b}$$

令 $(\beta_1-\beta_2)/2=\Delta$，$K_1+K_2=K$，$K_1-K_2=X$，下面分别求(4.58a)和(4.58b)的本征值.

$$\frac{\mathrm{d}}{\mathrm{d}z}\begin{pmatrix}\psi_1\\ \psi_3\end{pmatrix}=\mathrm{j}\begin{pmatrix}\Delta & K\\ 2K & -\Delta\end{pmatrix}\begin{pmatrix}\psi_1\\ \psi_3\end{pmatrix},$$

$$|A-\lambda E|=\begin{vmatrix}\Delta-\lambda & K\\ 2K & -\Delta-\lambda\end{vmatrix}=0,$$

$$\begin{cases}\lambda_A=\dfrac{1}{2}\sqrt{(\beta_1-\beta_2)^2+8(K_1+K_2)^2},\\ \lambda_B=-\dfrac{1}{2}\sqrt{(\beta_1-\beta_2)^2+8(K_1+K_2)^2}.\end{cases}\tag{4.59}$$

当本征值为 λ_A 时，相应的本征矢量由下式得到

$$\begin{pmatrix} \Delta-\lambda_A & K \\ 2K & -\Delta-\lambda_A \end{pmatrix}\begin{pmatrix} q_1 \\ q_3 \end{pmatrix}=0,$$

$$\frac{q_1}{q_3}=\frac{K}{\lambda_A-\Delta}=\frac{\Delta+\lambda_A}{2K},$$

所以本征矢量为[153]

$$\psi_A=\begin{pmatrix} \psi_1 \\ \psi_3 \end{pmatrix}_A=\mathrm{e}^{\mathrm{j}\lambda_A z}\begin{pmatrix} K \\ \lambda_A-\Delta \end{pmatrix}. \tag{4.60a}$$

同理可得本征值为 λ_B 时，相应的本征矢量

$$\psi_B=\begin{pmatrix} \psi_1 \\ \psi_3 \end{pmatrix}_B=\mathrm{e}^{\mathrm{j}\lambda_B z}\begin{pmatrix} K \\ \lambda_B-\Delta \end{pmatrix}. \tag{4.60b}$$

采用与上面相同的方法得到方程组(4.58b)的本征值

$$\begin{cases} \lambda_C=\dfrac{1}{2}\sqrt{(\beta_1-\beta_2)^2+8(K_1-K_2)^2}, \\ \lambda_D=-\dfrac{1}{2}\sqrt{(\beta_1-\beta_2)^2+8(K_1-K_2)^2}, \end{cases} \tag{4.61a}$$

和相应的本征矢量

$$\begin{cases} \psi_C=\begin{pmatrix} \psi_2 \\ \psi_4 \end{pmatrix}_C=\mathrm{e}^{\mathrm{j}\lambda_C z}\begin{pmatrix} X \\ \lambda_C-\Delta \end{pmatrix}, \\ \psi_D=\begin{pmatrix} \psi_2 \\ \psi_4 \end{pmatrix}_D=\mathrm{e}^{\mathrm{j}\lambda_D z}\begin{pmatrix} X \\ \lambda_D-\Delta \end{pmatrix}, \end{cases} \tag{4.61b}$$

所以 φ 的本征值为

$$\begin{cases} \lambda'_A = \dfrac{\beta_1+\beta_2}{2} + K_1 + \dfrac{1}{2}\sqrt{(\beta_1-\beta_2)^2 + 8(K_1+K_2)^2}, \\ \lambda'_B = \dfrac{\beta_1+\beta_2}{2} + K_1 - \dfrac{1}{2}\sqrt{(\beta_1-\beta_2)^2 + 8(K_1+K_2)^2}, \\ \lambda'_C = \dfrac{\beta_1+\beta_2}{2} - K_1 + \dfrac{1}{2}\sqrt{(\beta_1-\beta_2)^2 + 8(K_1-K_2)^2}, \\ \lambda'_D = \dfrac{\beta_1+\beta_2}{2} - K_1 - \dfrac{1}{2}\sqrt{(\beta_1-\beta_2)^2 + 8(K_1-K_2)^2}, \end{cases} \tag{4.62a}$$

相应的本征矢量

$$\begin{cases} \varphi_A = \begin{pmatrix} \varphi_1 \\ \varphi_3 \end{pmatrix}_A = e^{j\lambda'_A z}\begin{pmatrix} K \\ \lambda_A - \Delta \end{pmatrix}, \varphi_B = \begin{pmatrix} \varphi_1 \\ \varphi_3 \end{pmatrix}_B = e^{j\lambda'_B z}\begin{pmatrix} K \\ \lambda_B - \Delta \end{pmatrix}, \\ \varphi_C = \begin{pmatrix} \varphi_2 \\ \varphi_4 \end{pmatrix}_C = e^{j\lambda'_C z}\begin{pmatrix} X \\ \lambda_C - \Delta \end{pmatrix}, \varphi_D = \begin{pmatrix} \varphi_2 \\ \varphi_4 \end{pmatrix}_D = e^{j\lambda'_D z}\begin{pmatrix} X \\ \lambda_D - \Delta \end{pmatrix}. \end{cases} \tag{4.62b}$$

因为$a_1=(\varphi_1+\varphi_2)/2$，$a_2=(\varphi_3+\varphi_4)/2$，$a_4=(\varphi_1-\varphi_2)/2$，$a_5=(\varphi_3-\varphi_4)/2$，所以由$\{a_1, a_2, a_4, a_5\}$组成的耦合系统的本征模可以由$\{\varphi_1, \varphi_2, \varphi_3, \varphi_4\}$组成的耦合系统的本征模得到，即

$$\begin{cases} \phi_A(z) = \begin{pmatrix} a_1 \\ a_2 \\ a_4 \\ a_5 \end{pmatrix}_A = \dfrac{1}{2}e^{j\lambda'_A z}\begin{pmatrix} K \\ \lambda_A - \Delta \\ K \\ \lambda_A - \Delta \end{pmatrix}, \phi_B(z) = \begin{pmatrix} a_1 \\ a_2 \\ a_4 \\ a_5 \end{pmatrix}_B = \dfrac{1}{2}e^{j\lambda'_B z}\begin{pmatrix} K \\ \lambda_B - \Delta \\ K \\ \lambda_B - \Delta \end{pmatrix}, \\ \phi_C(z) = \begin{pmatrix} a_1 \\ a_2 \\ a_4 \\ a_5 \end{pmatrix}_C = \dfrac{1}{2}e^{j\lambda'_C z}\begin{pmatrix} X \\ \lambda_C - \Delta \\ -X \\ \Delta - \lambda_C \end{pmatrix}, \phi_D(z) = \begin{pmatrix} a_1 \\ a_2 \\ a_4 \\ a_5 \end{pmatrix}_D = \dfrac{1}{2}e^{j\lambda'_D z}\begin{pmatrix} X \\ \lambda_D - \Delta \\ -X \\ \Delta - \lambda_D \end{pmatrix}. \end{cases} \tag{4.63}$$

组合波导内四个本征模的模场分布在任意位置“z”处可表示为

$$\begin{cases} \phi_A(x,\ y,\ z) = \dfrac{1}{2}e^{j\lambda'_A z} \times \{K[\phi_1(x,\ y) + \phi_4(x,\ y)] + \\ \qquad (\lambda_A - \Delta)[\phi_2(x,\ y) + \phi_5(x,\ y)]\}, \\ \phi_B(x,\ y,\ z) = \dfrac{1}{2}e^{j\lambda'_B z} \times \{K[\phi_1(x,\ y) + \phi_4(x,\ y)] + \\ \qquad (\lambda_B - \Delta)[\phi_2(x,\ y) + \phi_5(x,\ y)]\}, \\ \phi_C(x,\ y,\ z) = \dfrac{1}{2}e^{j\lambda''_C z} \times \{X[\phi_1(x,\ y) - \phi_4(x,\ y)] + \\ \qquad (\lambda_C - \Delta)[\phi_2(x,\ y) - \phi_5(x,\ y)]\}, \\ \phi_D(x,\ y,\ z) = \dfrac{1}{2}e^{j\lambda'_D z} \times \{X[\phi_1(x,\ y) - \phi_4(x,\ y)] + \\ \qquad (\lambda_D - \Delta)[\phi_2(x,\ y) - \phi_5(x,\ y)]\}. \end{cases} \tag{4.64}$$

式中 $\phi_i(x,\ y)$ $(i=1,\ 2,\ 4,\ 5)$ 分别表示等效耦合系统的耦合区内各光纤中的归一化单模模场分布．设光纤 2 的端口存在单位激励功率(初始条件)，组合波导内四个本征模的模场激发系数分别用$\{b_A,\ b_B,\ b_C,\ b_D\}$表示，则由初始条件得到耦合区起始位置各光纤中的功率

$$\begin{cases} P_1(0) = \displaystyle\iint_{F_1} \phi_1^2[K(b_A + b_B) + X(b_C + b_D)]^2/4\mathrm{d}x\mathrm{d}y = 0, \\ P_2(0) = \displaystyle\iint_{F_2} \phi_2^2[(\lambda_A - \Delta)b_A + (\lambda_B - \Delta)b_B + (\lambda_C - \Delta)b_C + \\ \qquad (\lambda_D - \Delta)b_D]^2/4\mathrm{d}x\mathrm{d}y = 1, \\ P_4(0) = \displaystyle\iint_{F_4} \phi_4^2[K(b_A + b_B) - X(b_C + b_D)]^2/4\mathrm{d}x\mathrm{d}y = 0, \\ P_5(0) = \displaystyle\iint_{F_5} \phi_5^2[(\lambda_A - \Delta)b_A + (\lambda_B - \Delta)b_B + (\Delta - \lambda_C)b_C + \\ \qquad (\Delta - \lambda_D)b_D]^2/4\mathrm{d}x\mathrm{d}y = 0. \end{cases} \tag{4.65}$$

式中 $P_i(0)$ 表示第 i 根光纤在 $z=0$ 处的光功率，F_i 表示积分区域在第 i 根光纤的横截面内．由(4.65)式求得模场激发系数：

$$\begin{cases} b_A = 1/(\lambda_A - \lambda_B),\ b_B = 1/(\lambda_B - \lambda_A), \\ b_C = 1/(\lambda_C - \lambda_D),\ b_D = 1/(\lambda_D - \lambda_C). \end{cases} \tag{4.66}$$

因此，耦合区内任意位置 z 处各光纤中的模场分别表示为：

$$\begin{cases} a_1(z) = \phi_1(x,\ y)\left[\frac{K}{2}\mathrm{e}^{\mathrm{j}\lambda'_A z}b_A + \frac{K}{2}\mathrm{e}^{\mathrm{j}\lambda'_B z}b_B + \frac{X}{2}\mathrm{e}^{\mathrm{j}\lambda'_C z}b_C + \frac{X}{2}\mathrm{e}^{\mathrm{j}\lambda'_D z}b_D\right], \\ a_2(z) = \phi_2(x,\ y)\times\left[\frac{\lambda_A - \Delta}{2(\lambda_A - \lambda_B)}\mathrm{e}^{\mathrm{j}\lambda'_A z} + \frac{\lambda_B - \Delta}{2(\lambda_B - \lambda_A)}\mathrm{e}^{\mathrm{j}\lambda'_B z} + \right. \\ \qquad\left. \frac{\lambda_C - \Delta}{2(\lambda_C - \lambda_D)}\mathrm{e}^{\mathrm{j}\lambda'_C z} + \frac{\lambda_D - \Delta}{2(\lambda_D - \lambda_C)}\mathrm{e}^{\mathrm{j}\lambda'_D z}\right], \\ a_4(z) = \phi_4(x,\ y)\left[\frac{K}{2}\mathrm{e}^{\mathrm{j}\lambda'_A z}b_A + \frac{K}{2}\mathrm{e}^{\mathrm{j}\lambda'_B z}b_B - \frac{X}{2}\mathrm{e}^{\mathrm{j}\lambda'_C z}b_C - \frac{X}{2}\mathrm{e}^{\mathrm{j}\lambda'_D z}b_D\right], \\ a_5(z) = \phi_5(x,\ y)\times\left[\frac{\lambda_A - \Delta}{2(\lambda_A - \lambda_B)}\mathrm{e}^{\mathrm{j}\lambda'_A z} + \frac{\lambda_B - \Delta}{2(\lambda_B - \lambda_A)}\mathrm{e}^{\mathrm{j}\lambda'_B z} + \right. \\ \qquad\left. \frac{\Delta - \lambda_C}{2(\lambda_C - \lambda_D)}\mathrm{e}^{\mathrm{j}\lambda'_C z} + \frac{\Delta - \lambda_D}{2(\lambda_D - \lambda_C)}\mathrm{e}^{\mathrm{j}\lambda'_D z}\right]. \end{cases} \tag{4.67}$$

如果令 $\lambda'_A = \beta_C,\ \lambda'_B = \beta_D,\ \lambda'_C = \beta_A,\ \lambda'_D = \beta_B$，并且作以下参量变换

$$\begin{cases} A = -\frac{1}{4}\left[\beta_1 - \beta_2 + \sqrt{(\beta_1 - \beta_2)^2 + 8(K_1 - K_2)^2}\right]/(K_1 - K_2), \\ B = -\frac{1}{4}\left[\beta_1 - \beta_2 - \sqrt{(\beta_1 - \beta_2)^2 + 8(K_1 - K_2)^2}\right]/(K_1 - K_2), \\ C = \frac{1}{4}\left[\beta_1 - \beta_2 - \sqrt{(\beta_1 - \beta_2)^2 + 8(K_1 + K_2)^2}\right]/(K_1 + K_2), \\ D = \frac{1}{4}\left[\beta_1 - \beta_2 + \sqrt{(\beta_1 - \beta_2)^2 + 8(K_1 + K_2)^2}\right]/(K_1 + K_2). \end{cases} \tag{4.68}$$

则耦合区内各光纤中的模场分布

$$\begin{cases} a_1(z) = \left[\dfrac{AB}{2(A-B)}e^{j\beta_A z} - \dfrac{AB}{2(A-B)}e^{j\beta_B z} + \dfrac{CD}{2(C-D)}e^{j\beta_C z} - \right. \\ \qquad \left. \dfrac{CD}{2(C-D)}e^{j\beta_D z}\right]\phi_1(x, y), \\ a_2(z) = \left[-\dfrac{B}{2(A-B)}e^{j\beta_A z} + \dfrac{A}{2(A-B)}e^{j\beta_B z} + \dfrac{C}{2(C-D)}e^{j\beta_C z} - \right. \\ \qquad \left. \dfrac{D}{2(C-D)}e^{j\beta_D z}\right]\phi_2(x, y), \\ a_4(z) = \left[-\dfrac{AB}{2(A-B)}e^{j\beta_A z} + \dfrac{AB}{2(A-B)}e^{j\beta_B z} + \dfrac{CD}{2(C-D)}e^{j\beta_C z} - \right. \\ \qquad \left. \dfrac{CD}{2(C-D)}e^{j\beta_D z}\right]\phi_4(x, y), \\ a_5(z) = \left[\dfrac{B}{2(A-B)}e^{j\beta_A z} - \dfrac{A}{2(A-B)}e^{j\beta_B z} + \dfrac{C}{2(C-D)}e^{j\beta_C z} - \right. \\ \qquad \left. \dfrac{D}{2(C-D)}e^{j\beta_D z}\right]\phi_5(x, y). \end{cases} \tag{4.69}$$

令 $a = \dfrac{AB}{2(A-B)}$, $b = \dfrac{CD}{2(C-D)}$, $c = \dfrac{B}{2(A-B)}$, $d = \dfrac{A}{2(A-B)}$, $f = \dfrac{C}{2(C-D)}$, $g = \dfrac{D}{2(C-D)}$,

则(4.69)式化为:

$$\begin{cases} a_1(z) = [a(e^{j\beta_A z} - e^{j\beta_B z}) + b(e^{j\beta_C z} - e^{j\beta_D z})]\phi_1(x, y), \\ a_2(z) = [-ce^{j\beta_A z} + de^{j\beta_B z} + fe^{j\beta_C z} - ge^{j\beta_D z}]\phi_2(x, y), \\ a_4(z) = [a(-e^{j\beta_A z} + e^{j\beta_B z}) + b(e^{j\beta_C z} - e^{j\beta_D z})]\phi_4(x, y), \\ a_5(z) = [ce^{j\beta_A z} - de^{j\beta_B z} + fe^{j\beta_C z} - ge^{j\beta_D z}]\phi_5(x, y). \end{cases} \tag{4.70}$$

如果令 $\beta_1=\beta_2=\beta$, $K_2=\gamma K_1$, $\gamma\in[0,1]$, 则 $A=C=-\sqrt{2}/2$, $B=D=\sqrt{2}/2$, $a=b=\sqrt{2}/8$, $c=g=-1/4$, $d=f=1/4$, (4.70) 式进一步化简为:

$$
\begin{cases}
a_1(z)=\dfrac{\sqrt{2}}{8}(\mathrm{e}^{\mathrm{j}\beta_A z}-\mathrm{e}^{\mathrm{j}\beta_B z}+\mathrm{e}^{\mathrm{j}\beta_C z}-\mathrm{e}^{\mathrm{j}\beta_D z})\phi_1(x,y),\\
a_2(z)=\dfrac{1}{4}(\mathrm{e}^{\mathrm{j}\beta_A z}+\mathrm{e}^{\mathrm{j}\beta_B z}+\mathrm{e}^{\mathrm{j}\beta_C z}+\mathrm{e}^{\mathrm{j}\beta_D z})\phi_2(x,y),\\
a_4(z)=\dfrac{\sqrt{2}}{8}(-\mathrm{e}^{\mathrm{j}\beta_A z}+\mathrm{e}^{\mathrm{j}\beta_B z}+\mathrm{e}^{\mathrm{j}\beta_C z}-\mathrm{e}^{\mathrm{j}\beta_D z})\phi_4(x,y),\\
a_5(z)=\dfrac{1}{4}(-\mathrm{e}^{\mathrm{j}\beta_A z}-\mathrm{e}^{\mathrm{j}\beta_B z}+\mathrm{e}^{\mathrm{j}\beta_C z}+\mathrm{e}^{\mathrm{j}\beta_D z})\phi_5(x,y).
\end{cases}
\tag{4.71}
$$

本征模的传输常数

$$
\begin{cases}
\beta_A=\beta+[\sqrt{2}(1-\gamma)-1]K_1,\ \beta_B=\beta-[\sqrt{2}(1-\gamma)+1]K_1,\\
\beta_C=\beta+[1+\sqrt{2}(1+\gamma)]K_1,\ \beta_D=\beta+[1-\sqrt{2}(1+\gamma)]K_1.
\end{cases}
\tag{4.72}
$$

并且 $\beta_A-\beta_B=2\sqrt{2}(1-\gamma)K_1$, $\beta_A-\beta_C=-2(\sqrt{2}\gamma+1)K_1$,

$\beta_A-\beta_D=2(\sqrt{2}-1)K_1$, $\beta_B-\beta_C=-2(\sqrt{2}+1)K_1$,

$\beta_B-\beta_D=2(\sqrt{2}\gamma-1)K_1$, $\beta_C-\beta_D=2\sqrt{2}(1+\gamma)K_1$.

根据 $P_i(z)=a_i(z)\cdot a_i^*(z)$ 计算出耦合区内各光纤中的光功率:

$$
\begin{cases}
P_1(z)=\dfrac{1}{8}[1-\cos(2\sqrt{2}\theta)\cos(2\sqrt{2}\gamma\theta)+\cos(2\sqrt{2}\gamma\theta)\cos(2\theta)-\\
\qquad\cos(2\theta)\cos(2\sqrt{2}\theta)],\\
P_2(z)=\dfrac{1}{4}[1+\cos(2\sqrt{2}\theta)\cos(2\sqrt{2}\gamma\theta)+\cos(2\sqrt{2}\gamma\theta)\cos(2\theta)+\\
\qquad\cos(2\theta)\cos(2\sqrt{2}\theta)],
\end{cases}
$$

$$
\begin{cases}
P_4(z) = \dfrac{1}{8}[1-\cos(2\sqrt{2}\theta)\cos(2\sqrt{2}\gamma\theta)-\cos(2\sqrt{2}\gamma\theta)\cos(2\theta)+ \\
\qquad \cos(2\theta)\cos(2\sqrt{2}\theta)], \\
P_5(z) = \dfrac{1}{4}[1+\cos(2\sqrt{2}\theta)\cos(2\sqrt{2}\gamma\theta)-\cos(2\sqrt{2}\gamma\theta)\cos(2\theta)- \\
\qquad \cos(2\theta)\cos(2\sqrt{2}\theta)], \\
P_3(z) = P_1(z), P_6(z) = P_4(z).
\end{cases}
\tag{4.73}
$$

式中耦合角 $\theta = K_1 z$，K_1 和 z 分别表示相邻光纤的耦合系数和耦合长度，容易验证 $\sum_i P_i(z) = 1(i=1, 2, 3, 4, 5, 6)$，系统功率守恒. 图 4.6 是根据公式(4.73)得到的计算结果：相对耦合系数 $\gamma = K_2/K_1$ 取值不同时，各光纤的归一化输出功率随耦合角 θ 的变化. 可见，如果六根光纤的传输常数相同，即便不需采用特殊的注入光纤或预熔锥技术，同样能够找到等功率点(图 b 所示，$\theta = 0.798$(rad)，$P_i \approx 0.17$(a. u.)，$i=1, 2, \cdots, 6$)，关键是相对耦合系数 $\gamma = K_2/K_1$ 的控制.

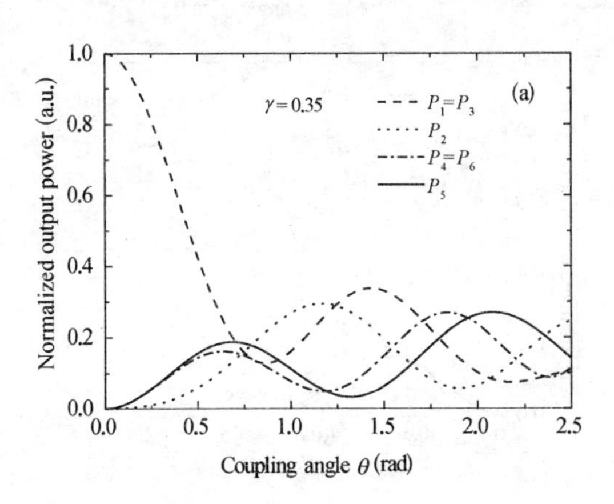

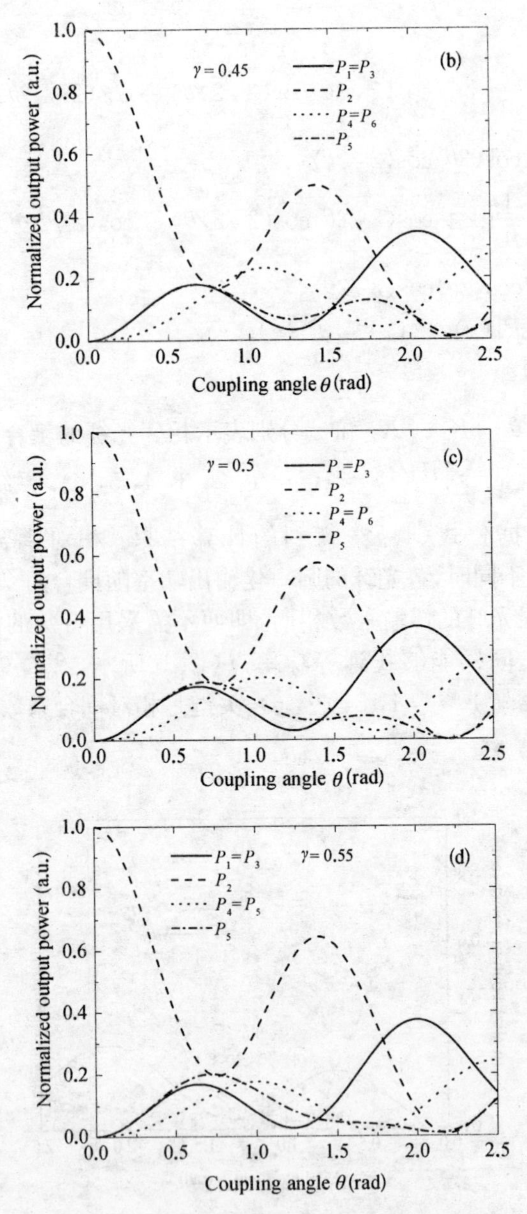

图 4.6　相对耦合系数 γ 不同时 2×6 熔锥光纤耦合器的功率耦合特性

下面给出由许强硕士在上海康阔光通信技术有限公司研制的 2×6 熔锥光纤耦合器的实验结果(图 4.7),仅供参考.

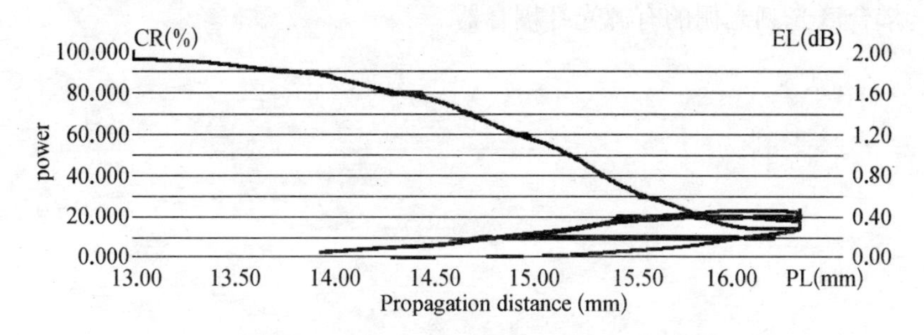

图 4.7　2×6 熔锥光纤耦合器的输出功率随熔拉长度的变化

4.8　第 2 部分小结

以弱熔、弱耦面阵排列六光纤耦合系统的简化模型为基础,采用数学变换技巧得到线性耦合模方程的解析解,包括:本征模的模场分布和传输常数,耦合区内各光纤中的模场分布. 数值计算了简化条件下(六根单模光纤的传输常数相同)2×6 熔锥光纤耦合器的功率耦合特性,找到了等功率点.

4.9　本章小结

本章主要分为两部分:(1) 采用新的 Chebyshev 多项式构成的正交基求解多波导耦合系统的标量耦合模方程,具体求解了线形分布和环形分布、"弱耦合"与"强耦合"波导定向耦合器的传输矩阵. (2) 采用常规的本征值和本征矢的求解方法对一种新型 2×6 熔锥光纤耦合器进行了理论分析,并由许强硕士等完成了初步的实验验证.

后续工作包括:Chebyshev 方法的推广(结构参量不同的多波导

组成的定向耦合系统，光纤光栅等其它光波耦合系统)；性能优异的2×6光纤耦合器的实验研究；3×9光纤耦合器的理论研究和实验；耦合区光刻光栅的有源光纤耦合器.

附　录

附录 A：线形分布定向耦合器的本征函数 $\Phi_n(x_m)$ 的正交性

考虑到三角函数的和[144]

$$
\begin{aligned}
&\sum_{m=0}^{N+1}\cos\left(m\frac{J}{N+2}\pi\right)\\
&=\frac{\cos\left(\frac{N+1}{2}\frac{J}{N+2}\pi\right)\sin\left(\frac{N+2}{2}\frac{J}{N+2}\pi\right)}{\sin\frac{J}{N+2}\frac{\pi}{2}}\\
&=\frac{\cos\left(\frac{N+2}{2}\frac{J}{N+2}\pi\right)\sin\left(\frac{N+1}{2}\frac{J}{N+2}\pi\right)}{\sin\left(\frac{J}{N+2}\frac{\pi}{2}\right)}+1.
\end{aligned}
\tag{A1}
$$

如果 J 是偶数且不等于零，则方程(A1)等于 0；相反，对于奇数 J，(A1)等于 1.

因此，

$$
\begin{aligned}
\sum_{m=1}^{N+1}\sin(k+1)\varphi_m\sin(l+1)\varphi_m &= \frac{1}{2}\sum_{m=1}^{N+1}\left[\cos(k-l)\varphi_m-\cos(k+l+2)\varphi_m\right]\\
&= \frac{1}{2}\sum_{m=0}^{N+1}\left[\cos(k-l)\varphi_m-\cos(k+l+2)\varphi_m\right]\\
&= \frac{N+2}{2}\delta_{k,\,l},
\end{aligned}
\tag{A2}
$$

$$\sum_{n=0}^{N}\sin(n+1)\varphi_m\sin(n+1)\varphi_l$$

$$=\frac{1}{2}\sum_{n=0}^{N}\left[\cos(n+1)\frac{m-l}{N+2}\pi-\cos(n+1)\frac{m+l}{N+2}\pi\right]=\frac{N+2}{2}\delta_{m,l},\tag{A3}$$

$$\begin{cases}\sum_{m=1}^{N+1}\Phi_k(x_m)\Phi_l(x_m)=\delta_{k,l},\\ \sum_{n=0}^{N}\Phi_n(x_m)\Phi_n(x_l)=\delta_{m,l}.\end{cases}\tag{A4}$$

附录 B：环形分布定向耦合器的本征函数 $\Phi_n(x_m)$ 的正交性

当 m 和 l 都不等于 0 时，

$$\sum_{n=0}^{N}\cos\left(2\pi n\frac{m}{N+1}\right)\cos\left(2\pi n\frac{l}{N+1}\right)$$

$$=\frac{1}{2}\sum_{n=0}^{N}\left[\cos\left(2\pi n\frac{m+l}{N+1}\right)+\cos\left(2\pi n\frac{m-l}{N+1}\right)\right].\tag{B1}$$

因为

$$\sum_{n=0}^{N}\cos\left(n\frac{2\pi(m\pm l)}{N+1}\right)=\frac{\cos\left(\frac{N}{2}\frac{2\pi(m\pm l)}{N+1}\right)\sin\left(\frac{N+1}{2}\frac{2\pi(m\pm l)}{N+1}\right)}{\sin\frac{2\pi(m\pm l)}{2(N+1)}}.\tag{B2}$$

当 $m\neq l$ 时，方程(B1)等于零. 当 $m=l\neq 0$ 时，方程(B2)等于 $(N+1)/2$.

$$\sum_{n=0}^{N}\cos\left(2\pi n\frac{m}{N+1}\right)\cos\left(2\pi n\frac{l}{N+1}\right)=\frac{N+1}{2}\delta_{m,\ l},\tag{B3}$$

而 $m=l=0$ 时，

$$\sum_{n=0}^{N}\cos\left(2\pi n\frac{m}{N+1}\right)\cos\left(2\pi n\frac{l}{N+1}\right)=N+1,\tag{B4}$$

即

$$\sum_{n=0}^{N}\Phi_n(x_m)\Phi_n(x_l)=\delta_{m,\ l}.\tag{B5}$$

同样可以证明

$$\sum_{m=0}^{N}\Phi_n(x_m)\Phi_l(x_m)=\delta_{n,\ l}.\tag{B6}$$

参 考 文 献

1 李玉权等译. 光纤通信. 第三版，电子工业出版社，2002

2 徐荣和龚倩译. 多波长光网络. 人民邮电出版社，2001

3 张劲松，陶智勇，韵湘. 光波分复用技术. 北京邮电出版社，2002

4 Louay Eldada. Advances in telecom and datacom optical components. *Opt. Eng.*, 2001; **40**(7): 1165-1178

5 Turan Erdogan. Optical add-drop multiplexer based on asymmetric Bragg coupler. *Opt. Commun.*, 1998; **157**: 249-264

6 Lawrence Domesh, Ming Wu, Nikolay Nemchuk, *et al.* Tunable and switchable multiple-cavity thin film filters. *J. Lightwave Technol.*, 2004; **22**(1): 126-135

7 Giora Griffel. Synthesis of optical filters using ring resonator arrays. *IEEE Photon. Technol. Lett.*, 2000; **12**(7): 810-812

8 Rabus D. G., Hamacher M, Tropenz U. *et al.* High-Q channel-dropping filters using ring resonators with integrated SOAs. *IEEE Photon. Technol. Lett.*, 2002; **14** (10): 1442-1444

9 Little B. E., Chu S. T., Absil P. P., *et al.* Very high-order microring resonator filters for WDM applications. *IEEE Photon. Technol. Lett.*, 2004; **16**(10): 2263-2265

10 Yuji Yanagase, Shuichi Suzuki, Yasuo Kokubun, *et al.* Box-like filter response and expansion of FSR by a vertically triple coupled microring resonator filter. *J. Lightwave Technol.*,

2002; **20**(8): 1525 - 1529

11 Grover R. V., Van, T. A. Ibrahim, *et al*. Parallel-cascaded semiconductor microring resonators for high-order and wide-FSR filters. *J. Lightwave Technol.*, 2002; **20**(5): 900 - 905

12 Kokubun Y., Kubota S., Sai Tak Chu. Polarization-independent vertically coupled microring resonator filter. *Elect. Lett.*, 2001; **37**(2): 90 - 91

13 Hirofumi Haeiwa, Toshiki Naganawa, Yasuo Kokubun. Wide range center wavelength trimming of vertically coupled microring resonator filter by direct UV irradiation to SiN ring core. *IEEE Photon. Technol. Lett.*, 2004; **16**(1): 135 - 137

14 Macleod H. Advances in thin films. *Proc. OFC*, 2003; ThM1

15 Ito T., Iida Y., Minagawa K., *et al*. Optimization for CD characteristic of band-OADM using 4-skip-0 100 GHz filter. *Proc. OFC*, 2003; ThM2

16 Robert Sargent. Recent advances in thin film filters. *Proc. OFC*, 2004; TuD6

17 Martina Gerken, David A. B. Miller. Multilayer thin-film stacks with steplike spatial beam shifting. *J. Lightwave Technol.*, 2004; **22**(2): 612 - 617

18 Matsumoto S., Takabayashi M., Yoshiara K., *et al*. Tunable dispersion slope compensator with a chirped fiber grating and a divided thin film heater for 160 Gbit/s RZ transmissions. *IEEE Photon. Technol. Lett.*, 2004; **16**(4): 1095 - 1097

19 Sarun Sumriddetchkajorn, Khunat Chaitavon. Wavelength-sensitive thin-film filter-based variable fiber-optic attenuator with an embedded monitoring port. *IEEE Photon. Technol. Lett.*, 2004; **16**(6): 1507 - 1509

20 程佩青. 数字信号处理. 清华大学出版社, 1995

21 Madsen C. K., Zhao J., *Optical Filter Design and Analysis: A Signal Processing Approach*. New York: Willy, 1999
22 Madsen C. K., Lenz G. Optical all-pass filters for phase response design with applications for dispersion compensation. *IEEE Photon. Technol. Lett.*, 1998; **10**: 994-996
23 Madsen C. K. Efficient architectures for exactly realizing optical filters with optimum bandpass designs. *IEEE Photon. Technol. Lett*, 1998; **10**(8): 1136-1138
24 Madsen C. K. A multiport band selector with inherently low loss, flat pass-bands and low crosstalk. *IEEE Photon. Technol. Lett.*, 1998; **10**: 1766-1768
25 Lenz G., Madsen C. K. General optical all-pass filter structures for dispersion control in WDM systems. *J. Lightwave Technol.*, 1999; **17**(7): 1248-1254
26 Madsen C. K., Lenz G., Bruce A. J., *et al*. Multistage dispersion compensator using ring resonators. *Opt. Lett.*, 1999; **24**(22): 1555-1557
27 Madsen C. K., Lenz G., Bruce A. J., *et al*. Integrated all-pass filters for tunable dispersion and dispersion slope compensation. *IEEE Photon. Technol. Lett.*, 1999; **11**(12): 1623-1625
28 Madsen C. K., Lenz G. A multi-channel dispersion slope compensating optical allpass filter. *Proc. OFC*, 2000; WF5
29 Madsen C. K., Walker J. A., Ford J. E., *et al*. A tunable dispersion compensating MEMS all-pass filter. *IEEE Photon. Technol. Lett.*, 2000; **12**(6): 651-653
30 Madsen, C. K. General IIR optical filter design for WDM applications using all-pass filters. *J. Lightwave Technol.*, 2000; **18**(6): 860-868

31 Madsen C. K. Optical all-pass filters for polarization mode dispersion compensation. *Opt. Lett.*, 2000; **25**(12): 878 - 880

32 Lenz G. Eggleton B. J. Madsen C. K., *et al.* Optical delay lines based on optical filters. *IEEE J. Quant. Electron.*, 2001; **37**(4): 525 - 532

33 Madsen C. K. Integrated waveguide allpass filter tunable dispersion compensators. *Proc. OFC*, 2002; TuT1

34 Madsen C. K., Oswald P. Optical filter architecture for approximating any 2×2 unitary matrix. *Opt. Lett.*, 2003; **28**(7): 534 - 536

35 José Azana, Lawrence R. Chen. Multiwavelength optical signal processing using multistage ring resonators. *IEEE Photon. Technol. Lett.*, 2002; **14**(5): 654 - 656

36 Jabonski M., Takuchi Y., Tanaka Y., *et al.* Adjustable coupled two-cavity allpass filter for dispersion slope compensation of optical fibres. *Electron. Lett.*, 2000; **36**(6): 511 - 512

37 Jablonski, M., Takushima Y., Kikuchi K., *et al.* Layered optical thin-film allpass dispersion equalizer for compensation of dispersion slope of optical fibres. *Elect. Lett.*, 2000; **36**(13): 1139 - 1141

38 Jablonski M., Tanaka Y., Yaguchi H., *et al.* Entirely thin-film allpass coupled-cavity filters in a parallel configuration for adjustable dispersion-slope compensation. *IEEE Photon. Technol. Lett.*, 2001; **13**(11): 1188 - 1120

39 Jablonski M., Yuichi Takushima, Kazuro Kikuchi. The realization of all-pass filters for third-order dispersion compensation in ultrafast optical fiber transmission systems. *IEEE J. Lightwave Technol.*, 2001; **19**(8): 1194 - 1205

40 Jablonski M., Sato K., Tanaka D., *et al*. A compact thin-film-based all-pass device for the compensation of the in-band dispersion in FBG filters. *IEEE Photon. Technol. Lett.*, 2003; **15**(12): 1725 - 1727

41 Chen-bin Huang, Yinchieh Lai. Loss-less pulse intensity repetition rate multiplication using optical all-pass filtering. *IEEE Photon. Technol. Lett.*, 2000; **12**(2): 167 - 169

42 Moss D. J., McLaughlin S., Randall G., *et al*. Multichannel tunable dispersion compensation using all-pass multicavity etalons. *Proc. OFC*, 2002; TuT2

43 Hidenori Takahashi, Ryo Inohara, Takafumi Hisamitsu, *et al*. Expansion of passband of tunable chromatic dispersion compensator based on ring resonators using negative group delay peak. *Proc. OFC*, 2004; WK2

44 Suzuki K., Nakamatsu I., Shimoda T., *et al*. WDM tunable dispersion compensator with PLC ring resonators. *Proc. OFC*, 2004; WK3

45 Paniz Ebrahimi, Mahyar Kargar, Michelle C. Hauer, *et al*. A 10-us-tuning MEMS-actuated Gires-Tournois filter for use as a tunable wavelength demultiplexer and a tunable OCDMA encoder/decoder. *Proc. OFC*, 2004; ThQ2

46 Madsen C. K., Cappuzzo M., Chen E., *et al*. A tunable ultra-narrowband filter for subcarrier processing and optical monitoring. *Proc. OFC*, 2004; TuL5

47 Xuewen Shu, Kate Sugden, Kevin Byron. Bragg-grating-based all-fiber distributed Gires-Tournois etalons. *Opt. Lett.*, 2003; **28**(11): 881 - 883

48 Xuewen Shu, Kate Sugden, Philip Rhead, *et al*. Tunable dispersion compensator based on distributed Gires-Tournois

etalons. *IEEE Photon. Technol. Lett.*, 2003; **15**(8): 1111 - 1113

49 Xuewen Shu, John Mitchell, Andrew Gillooly, *et al*. Tunable dispersion slope compensator using novel tailored Gires-Tournois etalons. *Proc. OFC*, 2004; WK5

50 Doucet S., Slavik R., Larochelle S. Tunable dispersion and dispersion slope compensator using novel Gires-Tournois Bragg grating coupled-cavities. *IEEE Photon. Technol. Lett.*, 2004; **16**(11): 2529 - 2531

51 Peral E., Capmany J., Marti J. Synthesis of all-pass filters by codirectional grating couplers. *J. Opt. Soc. Am. A*, 1997; **14**(9): 2173 - 2179

52 邵钟浩，马骏，沈建华. 全通光均衡器色散补偿传输系统性能的研究. 光子学报，2001；**30**(9)：1092 - 1098

53 李琳，赵岭，高侃等. 用于多信道色散补偿的 Gires-Tournois 干涉仪的特性分析. 光学学报，2002；**22**(12)：1442 - 1446

54 李琳，赵岭，高侃等. 用于多信道色散补偿的复合腔 G - T 干涉仪设计. 光电子. 激光，2002；**13**(8)：802 - 805

55 Gu Zhaochang, Zhan Li, Zou Weiwen, *et al*. Repetition-rate multiplication of high repetition-rate pulse trains using all-pass filters and its realization condition. *Proc. SPIE*, 2002; **4906**: 546 - 550

56 王清月，刘航，向望华. Gires-Tournois 干涉仪色散特性的研究. 光学学报，1988；**8**(12)：1090 - 1094

57 路鑫超，柴路，张伟力等. 补偿 Yb:glass 飞秒激光器色散的 G - T 干涉仪设计. 光电子. 激光，2003；**14**(5)：457 - 461

58 孟义朝，黄肇明，王陆唐. 薄膜干涉 GTI 型多信道色散补偿光全通滤波器. 光子学报，2001；**30**(Z1)：127 - 132

59 孟义朝，黄肇明，王陆唐. 薄膜干涉型光学全通滤波器的设计与

分析. 光电子. 激光，2002；**13**(9)：908－912

60 孟义朝，黄肇明，王陆唐. 马赫-曾德尔干涉仪型波长交错器研究. 光学学报，2003；**23**(5)：575－580

61 Meng Yichao，Tan Weihan，Huang Zhaoming. An iterative formula for the reflection coefficient of multi-layer thin film and its application in the design of optical all pass filter. *Chinese J. Lasers B*，2002；**B11**(2)：114－118

62 贾亚青，赵友博，朱晓农. 光通信器件中 F－P 标准具型色散研究. 光电子. 激光，2004；**15**(2)：156－159

63 张瑞峰，葛春风，王书慧等. 奇偶交错空分滤波器. 光电子. 激光，2002；**13**(6)：652－656

64 Cao S.，Chen J.，Damask J. N.，*et al*. Interleaver technology：comparisons and applications requirements. *J. Lightwave Technol.*，2004；**22**(1)：281－289

65 Hiroyuki Kumazawa，Isao Ohtomo. 30 GHz-band periodic branching filter using a traveling-wave resonator for satellite applications. *IEEE Transactions on Microwave Theory and Techniques*，1977；**MTT－25**(8)：683－687

66 Oda K，Takato N，Toba H，*et al*. A wide-band guided-wave periodic multi/demultiplexer with a ring resonator for optical FDM transmission systems. *J. Lightwave Technol.*，1988；**6**(6)：1016－1023

67 Oguma M，Jinguli K，Kitoh T，*et al*. Flat-passband interleaver filter with 200 GHz channel spacing based on planar lightwave circuit-type lattice structure. *Electron. lett.*，2000；**36**(15)：1299－1300

68 Benjamin B. Dingel，Masayuki Izutsu. Multifunction optical filter with a Michelson-Gires-Tournois interferometer for wavelength division multiplexed network system applications.

Opt. Lett., 1998; **23**(14): 1099 - 1101

69 Benjamin B. Dingel, Tadashi Aruga. Properties of a novel non-cascaded type, easy-to-design, ripple-free optical band-pass filter. *J. Lightwave Tech.*, 1999; **17**(8): 1461 - 1469

70 张波，黄德修. 双折射 Gires - Tournois 型交叉复用器的性能研究. 光学学报，2003; **23**(9): 1068 - 1070

71 Hsieh C. H., Lee C. W., Huang S. Y., *et al*. Flat-top and low-dispersion interleavers using Gires-Tournois etalons as phase dispersive mirrors in a Michelson interferometer. *Opt. Commun.*, 2004; **237**: 285 - 293

72 邵永红，姜耀亮，郑权等. 法布里-珀罗型光学梳状滤波器的设计. 中国激光，2004; **31**(1): 74 - 76

73 Carlsen W J, Buhrer C F. Flat passband birefrigent wavelength-division multiplexers. *Electron. Lett.*, 1987; **23**(3): 106 - 107

74 蔡燕民，赵岭，周嬴武等. 基于偏振光干涉仪的 Interleaver 解复用器实验研究. 中国激光，2003; **30**(3): 239 - 242

75 张娟，刘立人，周煜等. 双折射滤波器光谱透射率函数平顶化优化计算. 光学学报，2003; **23**(4): 426 - 430

76 Shi Jianhong, Chen Xianfeng, Zhong Xiaoxia, *et al*. Design of polarization-based interleaver filter for DWDM mux/demux. *Proc. SPIE*, 2002; **4905**: 490 - 496

77 Li Huishi, Huang River. The application and technical approaches of interleaver. *Proc. SPIE*, 2001; **4581**: 79 - 87

78 Guo Haitao, Wang Lutang, Huang Zhaoming, *et al*. A novel design method for birefrigent interleaver. *Proc. SPIE*, 2002; **4906**: 398 - 406

79 Chiba T, Arai H, Ohira K, *et al*. Wavelength-interleaving filter with fourier transform-based MZIs. *Proc. OFC*,

2001; WB5

80 Jinguji K. Synthesis of coherent two-port lattice-form optical delay line circuit. *J. Lightwave Technol.*, 1995; **13** (1): 73 - 82

81 Jinguji K. Synthesis of coherent two-port optical delay-line circuit with ring waveguids. *J. Lightwave Technol.*, 1996; **14** (8): 1882 - 1898

82 Jinguji K. Optial half-band filters. *J. Lightwave Technol.*, 2000; **18**(2): 252 - 259

83 Qijie Wang, Ying Zhang, Yeng Chai Soh. All-fiber 3 × 3 interleaver design with flat-top passband. *IEEE Photon. Technol. Lett.*, 2004; **16**(1): 168 - 170

84 Yi-Chao Meng, Zhao-Ming Huang, Lu-Tang Wang, *et al*. Hybrid optical comb filter with multi-port fiber coupler for DWDM optical network. *Acta Optica Sinica*, 2003; Supplement: 143 - 144

85 Yi-Chao Meng, Zhao-Ming Huang. Novel 2x6 fiber coupler and its possible applications. Submit to APOC'2005

86 Xiang-fei Chen, Chong-cheng Fan, Luo Y., *et al*. Novel flat multichannel filter based on strongly chirped fiber Bragg grating. *IEEE Photon. Technol. Lett.*, 2000; **12** (11): 1501 - 1503

87 蔡海文，黄锐，瞿荣辉等. 基于马赫-曾德尔干涉仪和取样光纤光栅的全光纤梳状滤波器. 中国激光，2003; **30**(3): 243 - 246

88 Yu Kyoungsik, Solagaard Olav. MEMS optical wavelength deinterleaver with continuously variable channel spacing and center wavelength. *IEEE Photon. Technol. Lett.*, 2003; **15** (3): 425 - 427

89 Haixing Chen, Peifu Gu, Yueguang Zhang, *et al*. Analysis on

the match of the reflectivity of the multi-cavity thin film interleaver. *Opt. Commun.*, 2004; **236**: 335 - 341

90 Lucas B. Soldano, Erik C. M. Pennings. Optical multi-mode interference devices based on self-imaging: principles and applications. *J. Lightwave Technol.*, 1995; **13**(4): 615 - 627

91 Aiming Liu, Chongqing Wu, Yandong Gong, *et al*. Dual-loop optical buffer (DLOB) based on a collinear fiber coupler. *IEEE Photon. Technol. Lett.*, 2004; **16**(9): 2129 - 2131

92 Alireza Bananej, Chunfei Li. Controllable all-optical switch using an EDF-ring coupled M-Z interferometer. *IEEE Photon. Technol. Lett.*, 2004; **16**(9): 2102 - 2104

93 Thomas Duthel, Michael Otto, Christian G. Schäffer. Simple tunable all-fiber delay line filter for dispersion compensation. *IEEE Photon. Technol. Lett.*, 2004; **16**(10): 2287 - 2289

94 Kathryn D Li, Wayne H Knox, *et al*. Broadband cubic phase compensation with resonant Gires-Tournois interferometers. *Opt. Lett.*, 1989; **14**(9): 450 - 452

95 Szipöcs R., Köházi-Kis A., Lakó S., *et al*. Negative dispersion mirrors for dispersion control in femtosecond lasers: chirped dielectric mirrors and multi-cavity Gires-Tournois interferometers. *Appl. Phys. B*, 2000; **70** (Suppl.): S51 - S57

96 Kartner F. X., Matuschek N., Schibli T., *et al*. Design and fabrication of double-chirped mirrors. *Opt. Lett.*, 1997; **22**(11): 831 - 833

97 Nicolai Matuschek, Franz X. Kartner, Ursula keller. Analytical design of double-chirped mirrors with custom-tailored dispersion characteristics. *IEEE J. Quant. Electron.*, 1999; **35**(2): 129 - 137

98 M. Born, E. Wolf. *Principle of Optics*, 5th edition, Pergamon Press, 1975

99 尹树百. 薄膜光学—理论与实践. 科学出版社, 1987

100 黄杰, 蔡希杰, 林尊琪. 变角度薄膜衰减器的应用研究. 光学学报, 2001; **21**(8): 1008 - 1011

101 Tony D. Noe. Design of reflective phase compensator filters for telecommunications. *Applied Optics*, 2002; **41** (16): 3183 - 3186

102 陆巍, 顾培夫, 刘旭. 密集波分复用薄膜滤光片的群延迟补偿设计. 光学学报, 2004; **24**(1): 33 - 36

103 Lima M. J. N., Teixeira A. L. J., da Rocha J. R. F. Simultaneous filtering and dispersion compensation in WDM systems using apodised fiber gratings. *Elect. Lett.*, 2000; **36** (16): 1412 - 1414

104 Jeng-Cherng Dung, Sien Chi. Dispersion compensation and gain flattened for a wavelength division multiplexing system by using chirped fiber gratings in an erbium-doped fiber amplifier. *Opt. Commun.*, 1999; **162**: 219 - 222

105 Jia Y. H. A Vernier fiber double-ring resonator with a 3×3 fiber coupler and degenerate two-wave mixing. *IEEE Photon. Technol. Lett.*, 1992; **4**(7): 743 - 745

106 Yi-Chao Meng, Zhao-Ming Huang, Lu-Tang Wang. Multi-function double-ring resonant optical comb filter. Proc. SPIE, 2002; **4906**: 81 - 89

107 孟义朝, 黄肇明, 王陆唐等. 多功能光学滤波器组合模块的系统化研究. 中国激光, 2004; **31**(Suppl.): 241 - 244

108 G ABD-EL-hamid, Davis P. A. Fiber optic double ring resonator. *Elect. Lett.*, 1989; **25**(3): 224 - 225

109 Yan Fang, Chen Zhenyi, Song Yuezhu. All-fiber fused

biconical filter with two ring three-fiber mutual coupling. *Acta Optica Sinica* (*in Chinese*), 1997; **17**(2): 181 - 185

110 Jose Capmany. Amplified double recirculating delay line using a 3×3 coupler. *J. Lightwave Technol.*, 1994; **12**(7): 1136 - 1143

111 Chew Y. H., Tjhung T. T., Mendis F. V. C., *et al*. Performance of single- and double-ring resonators using 3×3 optical fiber coupler. *J. Lightwave Technol.*, 1993; **11**(12): 1998 - 2008

112 Turan Erdogan. Fiber grating spectra. *J. Lightwave Technol.*, 1997; **15**(8): 1277 - 1294

113 姚启钧，光学教程. 高等教育出版社，1989

114 Arkright J. W. Novel structure for monolithic fused-fiber couplers. *Electron. Lett.*, 1991; **27**: 1767 - 1768

115 Yong Huang, Qingji Zeng. A novel structure single-mode optical fiber splitter. *Acta Optica Sinica* (*in Chinese*), 1995; **15**: 248 - 251

116 Anjan Biswas. Theory of optical couplers. *Opt. & Quant. Electron.*, 2003; **35**: 221 - 235

117 Buah P. A., Rahman B. M. A., Grattan K. T. V. Numerical study of soliton switching in active three-core nonlinear fiber couplers. *IEEE J. Quant. Electron*, 1997; **QE-33**: 874 - 878

118 Shou-Quan Yao, Zi-Hua Wang. A dense-wavelength-division-multiplexer by using a three arm Mach-Zehnder interferometer. *Acta Optica Sinica* (*in Chinese*), 2000; **20**: 952 - 956

119 Wrage M., Glas P., Fischer D. Phase-locking of a multicore fiber laser by wave propagation through an annular

waveguide. *Opt. Commun.*, 2002; **205**: 367 - 375

120 Vance R. W. C., Love J. D. Design procedures for passive planar coupled waveguide devices. *IEE Proc. Optoelectron.*, 1994; **141**: 231 - 241

121 Synder A. W. Coupled mode theory for optical fiber. *J. Opt. Soc. Am.*, 1972; **62**: 1267 - 1277

122 Wei- Ping Huang. Coupled mode theory for optical waveguides: an overview. *J. Opt. Soc. Am. A*, 1994; **11**: 963 - 983

123 Yariv A. Coupled-mode theory for guided-wave optics. *IEEE J. Quant. Electron.*, 1973; **QE - 9**: 919 - 933

124 Haus H. A. Lynne molter-ore. Coupled multiple waveguide systems. *IEEE J. Quant. Electron.*, 1983; **19**: 840 - 844

125 Amos Hardy, William Streifer. Coupled mode solutions of multi-waveguide systems. *IEEE J. Quant. Electron.*, 1986; **22**: 528 - 534

126 Shun-Lien Chuang. A coupled mode theory for multiwaveguide systems satisfying the reciprocity theorem and power conservation. *J. Lightwave Technol.*, 1987; **5**: 174 - 183

127 Naoto Kishi, Eikichi Yamashita. A simple coupled-mode analysis method for multiple-core optical fiber and coupled dielectric waveguide structures. *IEEE Transaction on Microwave and Techniques*, 1988; **36**: 1861 - 1868

128 Chih-Sheng Chang, Hung-chun Chang. Theory of the circular harmonics expansion method for multiple-optical-fiber system. *J. Lightwave Technol.*, 1994; **12**: 415 - 417

129 Gang-ding Peng, Adrian Ankiewicz. Modified Gaussion approach for the design of optical fiber couplers of arbitrary

core shapes. *Appl. Opt.*, 1991; **30**: 2533 - 2545

130 Shou-Xian She, Li Qiao. Analysis of three channel waveguide directional couplers by a variational method and weighted residual method. *Opt. Commun.*, 1988; **87**: 271 - 276

131 Amos Hardy, William Streifer, Marek Osinski. Weak coupling of parallel waveguides. *Opt. Lett.*, 1988; **13**: 161 - 163

132 Hiroshi Kubo, Kiyotoshi Yasumoto. Numerical analysis of three-parallel embedded optical waveguides. *J. Lightwave Technol.*, 1989; **7**: 1924 - 1931

133 Ankiewicz, A. W. Synder, X. H. Zheng. Coupling between parallel optical fiber cores-critical examination. *J. Lightwave Technol.*, 1986; **4**: 1317 - 1323

134 FALCIAL R., A. M. SCHEGGI, A. SCHENA. Approximate calculation method for predicting selective properties of fused monomode biconical couplers. *Intern. J. Optoelectron.*, 1990; **5**: 41 - 46

135 Liping Sun, Peida Ye. General analysis of 3×3 optical fiber directional couplers. *Microwave and Opt. Technol. Lett.*, 1989; **2**: 52 - 54

136 Chen Y. Asymmetric triple-core couplers. *Opt. & Quantum Electron.*, 1991; **QE-24**: 539 - 553

137 Mortimore D. B. Theory and fabrication of 4x4 single-mode fused optical fiber couplers. *Appl. Opt.*, 1990; **29**: 371 - 374

138 Andrzej Kowalski. On the analysis of optical fibers described in terms of Chebyshev polynomials. *J. Lightwave Technol.*, 1990; **8**: 164 - 167

139 Khashayar Mehrany, Bizhan Rashidian. Polynomial expansion for extraction of electromagnetic eigenmodes in layered

structures. *J. Opt. Soc. Am. B*, 2003; **20**: 2434 - 2441

140 孟义朝，谭维翰，黄肇明. 仅有相邻波导耦合的定向耦合器的一般解法. 光学学报，2003; **23**(8): 962 - 969

141 郭奇志，谭维翰，孟义朝. 推广的 Tschebyshev 多项式及其在解强耦合波导方程中的应用. 物理学报，2003; **52**(12): 3092 - 3097

142 Yi-Chao Meng, Qi-Zhi Guo, Wei-Han Tan, *et al*. Analytical solutions of coupled-mode equations for multi-waveguide systems obtained by use of Chebyshev and generalized Chebyshev polynomials. *J. Opt. Soc. Am. A*, 2004; **21**(8): 1518 - 1528

143 Zhuxi Wang, Dunren Guo. *Introduction to special function* (*in Chinese*), Beijing: Pecking University Press, 2000

144 Gradsheyn S., Ryshik I. M. *Table of Integrals* (*Series and Products*). New York: Academic Press, 1990

145 Mortimore D. B., John W. Arkwright. Theory and fabrication of wavelength flattened 1 × N single-mode couplers. *Appl. Opt.*, 1990; **29**(12): 1814 - 1818

146 Mortimore D. B. Theory and fabrication of 4×4 single-mode fused optical fiber couplers. *Appl. Opt.*, 1990; **29**(3): 371 - 374

147 Mortimore D. B., John W. Arkwright. Monolithic wavelength-flattened 1×7 single-mode fused fiber couplers: theory, fabrication, and analysis. *Appl. Opt.*, 1991; **30**(6): 650 - 659

148 Wang Daogang, Qin Guanhua, Chen Hua, *et al*. A new all-fiber fused taper polarization couplers. *Proc. Electronic components conference*, 1990; **1**: 64 - 67

149 姚寿铨，黄勇，谢国平. 正方分布的 4×4 单模光纤熔锥耦合器

耦合特性分析. 光学学报，1991；**11**(5)：460－464

150 黄勇，曾庆济. 熔锥平面型三光纤耦合特性分析. 光学学报，1994；**14**(8)：847－853

151 黄勇，曾庆济，姚寿铨. 平面型四光纤耦合系统的研究. 光学学报，1994；**14**(3)：275－280

152 Chen Zhenyi，Shen Yuqing，Wang Tingyun，*et al*. Super-flat-wideband single-mode optical fiber couplers ranged from 1250 nm to 1650 nm. *Acta Optica Sinica*（*in Chinese*），2004；**24**(5)：663－667

153 四川大学数学系高等数学教研组. 高等数学(第三册，第二分册). 高等教育出版社，1979

致　谢

在结束求学生涯之际,首先要衷心感谢我的导师黄肇明教授,感谢黄老师的关心、爱护、鼓励、宽容、理解和方方面面的有益暗示. 黄老师严谨的治学态度、认真负责的工作精神、渊博的专业知识、丰富的教学和科研经验、活跃的学术思想、勇于创新的科研态度、高超的实验技能和平易近人的学者风范历历在目、印象深刻. 这必将成为我一生努力的方向.

有幸在工作后攻读在职博士学位,应该感谢学校、学院和所属部门给我们创造了继续深造的机会.

感谢王子华教授、叶家峻教授、林如俭教授、王陆唐副研究员、王春华副教授、胡思明老师对我学业的关心、鼓励和帮助.

感谢学院领导为年轻教师的成长付出的艰辛;感谢上海光机所光学薄膜中心提供了一些实验数据;感谢复旦大学光学薄膜中心的有益讨论;感谢上海光机所强光实验室范薇博士帮忙查阅了一些资料;感谢上海大学光纤研究所姚寿铨研究员和陈华高工在光纤器件研制技术等方面的有益讨论;感谢上海大学物理系郭奇志副教授在数理方法方面的有益讨论;感谢许强硕士在新型光纤耦合器方面的有益启示和实验验证;感谢学院办公室范荣琛等老师在申报科研项目方面的帮助.

感谢方捻博士、郭淑琴博士后、雷建设博士、徐晟硕士、阎晓光硕士、郭海涛硕士、朱炳春硕士、葛旭亮硕士、毛文娟硕士等的帮助和有意讨论. 感谢通信学院光波实验室和光纤研究所的全体老师和研究生. 感谢所有未提及但给予我帮助的人.

感谢我的岳父母,感谢我的爱人,感谢他们一贯的支持、鼓励、理解和信任. 感谢我活泼可爱的儿子,是他给我们带来无尽的快乐. 还要感谢我远在他乡的所有亲人.

谨以此文献给亲人.

攻读学位期间发表的学术论文

1 孟义朝，黄肇明，王陆唐. 薄膜干涉 GTI 型多信道色散补偿光全通滤波器. 第 11 届集成光学和第 10 次光通信会议. 光子学报，2001；**30**(Z1)：127－132

2 孟义朝，黄肇明，王陆唐. 薄膜干涉型光学全通滤波器的设计与分析. 光电子. 激光，2002；**13**(9)：908－912

3 孟义朝，黄肇明，王陆唐. 马赫-曾德尔干涉仪型波长交错器研究. 光学学报，2003；**23**(5)：575－580

4 孟义朝，谭维翰，黄肇明. 仅有相邻波导耦合的定向耦合器的一般解法. 光学学报，2003；**23**(8)：962－969.（EI 收录：04017805957）

5 郭奇志，谭维翰，孟义朝. 推广的 Tschebyshev 多项式及其在解强耦合波导方程中的应用. 物理学报，2003；**52**(12)：3092－3097.（SCI 收录，ISI：000187556200027）

6 孟义朝，黄肇明，王陆唐，彭芬，方捻. 多功能 DWDM 光学滤波器组合模块的系统化研究. 第十六届全国激光学术会议（2003 年 10 月在上海举行），中国激光，2004；**31**(Suppl.)：241－244

7 Meng Yichao, Tan Weihan, Huang Zhaoming. An iterative formula for the reflection coefficient of multi-layer thin film and its application in the design of optical all pass filter. *Chinese J. Lasers B*, 2002；**11**(2)：114－118.（EI 收录，02397108248）

8 Yichao Meng, Zhaoming Huang, Lutang Wang. Multi-function double-ring resonant optical comb filter. *APOC' 2002*（亚太光通信会议），*Proc. SPIE*, 2002；**4906**：81－89.（EI 收录，

03017300599)

9 Yichao Meng, Zhaoming Huang, Lutang Wang, Shouquan Yao. Hybrid optical comb filter with multi-port fiber coupler for DWDM optical network. *OECC' 2003*（第八届国际光电子与通信学术会议，2003 年 10 月，上海），光学学报，2003；**23**（Suppl.）：143 - 144

10 Yi-Chao Meng, Qi-Zhi Guo, Wei-Han Tan, Zhao-Ming Huang. Analytical solutions of coupled-mode equations for multi-waveguide systems, obtained by use of Chebyshev and generalized Chebyshev polynomials. *J. Opt. Soc. Am. A*, 2004; **21**(8): 1518 - 1528.（SCI 与 EI 收录，ISI : 000222928300019）

11 Guo Haitao, Wang Lutang, Huang Zhaoming, Meng Yichao, Ruan Ying. A novel design method for birefrigent interleaver. *APOC' 2002*, *Proc. SPIE*, 2002; 4906: 398 - 406.（EI 收录，03017300647）

12 Yi-Chao Meng, Zhao-Ming Huang, Qiang Xu, Yong Huang. Novel 2x6 fiber coupler and its possible applications. Submit to *APOC' 2005*